护肤、美容与皮肤病

主编 王侠生 陈向东

上海大学出版社
·上海·

图书在版编目(CIP)数据

护肤、美容与皮肤病 / 王侠生，陈向东主编.
上海：上海大学出版社，2024.9. -- ISBN 978-7-5671-5085-0

Ⅰ. TS974.1；R751

中国国家版本馆 CIP 数据核字第 2024YK8836 号

责任编辑　邹西礼
封面设计　柯国富
技术编辑　金　鑫　钱宇坤

护肤、美容与皮肤病

王侠生　陈向东　主编
上海大学出版社出版发行
（上海市上大路 99 号　邮政编码 200444）
(https://www.shupress.cn) 发行热线 021-66135112)
出版人　戴骏豪

*

南京展望文化发展有限公司排版
上海华教印务有限公司印刷　各地新华书店经销
开本 890mm×1240mm　1/32　印张 7　字数 151 千
2024 年 9 月第 1 版　2024 年 9 月第 1 次印刷
ISBN 978-7-5671-5085-0/TS·22　定价 58.00 元

版权所有　侵权必究
如发现本书有印装质量问题请与印刷厂质量科联系
联系电话：021-36393676

本书编写组

主　　编　王侠生　陈向东

参编人员（以姓氏笔画为序）

　　　　　马　英　王侠生　王金奇　朱敏刚　陈向东
　　　　　杨永生　张成锋　陈　槿　范梦洁　胡瑞铭
　　　　　徐　峰　徐中奕　盛友渔　黄　雯　赖扬帆

编者的话

随着物质文化生活水平的不断提高,人们对美的需求也就显得愈加迫切,各种各样的护肤美容产品正是满足人们这一需求的重要方面之一。我国的护肤美容用品行业近年来有了快速发展,进口的产品亦不断增多,对美化人们的生活、维护皮肤的健康均起到了积极的作用。但是,在化妆品行业快速发展的同时,市场上产品质量良莠不齐的状况时有所见,广大消费者面对市场上琳琅满目的产品,在选购时往往有无所适从之感;此外,用了某些产品一旦遇到不良反应,又不知该如何处置。当下,经常困扰广大爱美人士的皮肤保养问题、皮肤老化问题、皮肤敏感问题,以及对于众多损容性皮肤病症的防治等问题,均亟须专业人士指点迷津。有鉴于此,我们以"护肤、美容与皮肤病"为题,深入浅出地解答大家所关心的一些热点问题。

参与本书编写的12位复旦大学华山医院皮肤科医生,均为副主任(副教授)以上医师或医学硕士、医学博士;另邀浙江省嘉善县人民医院皮肤科朱敏刚主任医师及原上海交通大学医学院附属第九人民医院皮肤科主任、现任上海铂诗玥医疗美容诊所董事长陈向东教授参与编写。浙江梦天家居集团平面设计师甄桢及华山医院皮肤科办公室於卿璐为本书稿件的打印、整理以及插图绘制等提供了支持和帮助,在此一并致谢。

考虑到读者的不同职业、不同文化背景以及不同需求,本书内容力求通俗易懂、简明扼要,尽量避免过于专业性的理论和用语。鉴于本书涉及一些生命科学尚在研究和探索的新课题,其中难免有不当之处,欢迎医学界同道和广大读者批评指正!

王侠生　陈向东
2023.10

目 录

第一篇 皮肤：人体抵御外来侵害的第一道防线 …………… 1
 一、表皮层 …………………………………………………… 2
 二、真皮层 …………………………………………………… 3
 三、皮下脂肪层 ……………………………………………… 3
 四、皮肤附属器官 …………………………………………… 3
 五、婴幼儿及中老年人皮肤 ………………………………… 4

第二篇 影响皮肤健美的因素 …………………………………… 5
 一、日光 ……………………………………………………… 5
 二、化学物 …………………………………………………… 6
 三、动植物及微生物 ………………………………………… 6
 四、营养因素 ………………………………………………… 7
 五、全身健康状况 …………………………………………… 8

第三篇 皮肤老化和光老化 ……………………………………… 10

第四篇 护肤和护肤品 …………………………………………… 13
 一、经常保持皮肤的清洁卫生 ……………………………… 13

二、正确选用护肤用品 ·············· 14
三、特种职业人群的皮肤防护 ·········· 15

第五篇　合理选用化妆品 ·············· 16
一、护肤化妆品 ················ 16
二、美容化妆品 ················ 17
三、发用化妆品 ················ 19
四、合理选用化妆品 ·············· 20

第六篇　日光紫外线对皮肤的伤害及遮光剂的应用 ········ 24

第七篇　"敏感皮肤"及皮肤过敏反应 ············ 28

第八篇　皮肤瘙痒的前因后果 ·············· 31

第九篇　护肤化妆品引起的 10 种皮肤不良反应 ······ 34
一、过敏性接触性皮炎 ············· 35
二、光敏性接触性皮炎 ············· 39
三、接触性唇炎 ················ 41
四、接触性眼结膜炎 ·············· 41
五、接触性荨麻疹 ··············· 42
六、接触性皮肤瘙痒症 ············· 43
七、接触性痤疮 ················ 43
八、色素沉着及色素减退 ············ 45
九、毛发损伤 ·················· 47
十、指（趾）甲损伤 ·············· 47

第十篇　损(毁)容皮肤病及其防治对策 ………… 49
一、以水肿性红斑、丘疹、疱疹或风团为主 ………… 49
  (一) 日光性皮炎 ………… 49
  (二) 多形性日光疹 ………… 52
  (三) 接触性皮炎 ………… 54
  (四) 湿疹 ………… 58
  (五) 特应性皮炎 ………… 60
  (六) 唇炎 ………… 64
  (七) 血管性水肿 ………… 67
  (八) 激素依赖性皮炎 ………… 70
  (九) 药疹 ………… 72
  (十) 酒性红斑 ………… 74
  (十一) 猩红热样红斑 ………… 75
  (十二) 昆虫叮咬伤 ………… 76
  (十三) 面部丹毒 ………… 78

二、以炎症性丘疹、结节(斑块)、鳞屑为主 ………… 79
  (一) 脂溢性皮炎 ………… 79
  (二) 神经性皮炎 ………… 82
  (三) 扁平苔藓 ………… 83
  (四) 银屑病(寻常型) ………… 84
  (五) 体癣 ………… 86
  (六) 寻常狼疮 ………… 87
  (七) 面部播散性粟粒性狼疮 ………… 90
  (八) 盘状红斑狼疮 ………… 90

三、以增生性丘疹、结节或肿块为主 ………… 93

（一）睑黄瘤 … 93
（二）疣 … 95
（三）色素痣 … 97
（四）太田痣 … 100
（五）血管瘤/畸形 … 103
（六）汗管瘤 … 107
（七）毛发上皮瘤 … 108
（八）皮脂腺痣 … 109
（九）疣状痣 … 110
（十）皮赘 … 111
（十一）皮肤纤维瘤 … 112
（十二）瘢痕疙瘩 … 114
（十三）基底细胞上皮瘤 … 116
（十四）黑色素瘤 … 118

四、以疱疹为主 … 121
（一）单纯疱疹 … 121
（二）带状疱疹 … 122

五、以毛囊性丘疹、小脓疱为主 … 124
（一）痤疮 … 124
（二）玫瑰痤疮（酒渣鼻） … 128
（三）口周皮炎 … 133
（四）毛囊虫皮炎 … 134
（五）粟丘疹 … 135

六、以色素异常为主 … 136
（一）雀斑 … 136

（二）黄褐斑 …………………………………… 137
（三）黑变病 …………………………………… 140
（四）皮肤异色症 ……………………………… 140
（五）白癜风 …………………………………… 143
（六）白化病 …………………………………… 144
（七）白色糠疹 ………………………………… 146

七、以皮肤角化、角质丘疹为主 ………………… 147
（一）毛周角化病 ……………………………… 147
（二）脂溢性角化病 …………………………… 149
（三）日光性角化病 …………………………… 150
（四）皮角 ……………………………………… 152

八、以脱发为主 …………………………………… 154
（一）斑秃 ……………………………………… 154
（二）全秃及普秃 ……………………………… 155
（三）雄激素依赖性秃发 ……………………… 156
（四）女性型秃发 ……………………………… 159

九、其他 …………………………………………… 160
（一）斑萎缩 …………………………………… 160
（二）蜘蛛痣 …………………………………… 162

第十一篇　皮肤科医生的"第三只眼" …………… 163
第十二篇　抗组胺类药物的抗过敏治疗 ………… 167
第十三篇　肾上腺糖皮质激素在皮肤科的应用 … 170
第十四篇　维生素 A 酸类药物在皮肤科的应用 … 175

第十五篇　维生素与皮肤病 …………………………… 181

第十六篇　局部外用止痒药 …………………………… 189

第十七篇　外用药剂型的选择 ………………………… 193

第十八篇　6 类医疗美容技术简介 …………………… 198

第一篇
皮肤：人体抵御外来侵害的第一道防线

您知道皮肤的奥秘和它所特有的神奇功能吗?

皮肤是人体最神奇的一种器官。根据人种的不同，皮肤具有不同的颜色，有白色、棕色、黑色和黄色皮肤。皮肤不仅赋予人们美丽的容貌，还可提供大家相互识别的外表特征。值得一提的是，指纹在所有人中均各不相同，此特性已被广泛用于刑事侦查工作。此外，皮肤还是了解人体内部状况的重要窗口，人们有时可以不必借助任何仪器设备，仅凭肉眼观察皮肤的外观，就能判断体内的某些功能状况。

皮肤处于人体的最外面，除了自然形成的腔道如口腔、鼻孔、外耳道、肛门和泌尿生殖道的开口外，它就像苹果皮一样把人体完整地包裹起来，如同边防线上的战士一样时刻守卫着人体机能的正常运转，抵御一切来自周围环境的有害因素。事实上，皮肤的确无时无刻不在承受着外来抑或体内的许许多多有害因素的伤害，这也就不难理解为什么皮肤病的种类那样多（据不完全统计已达 2 000 多种）。随着物质文化生活水平的提高以及医药卫生知识的普及,人们希望了解皮肤卫生保健和皮肤美容知识的愿望也越来越迫切。

皮肤是人体最大的器官,它的重量占到人体总质量的16%左右。皮肤的表面积在一般成人可达1.5~2 m²。皮肤的厚度一般为0.5~4 mm(不包括皮下脂肪层)。一般而言,男性皮肤要比女性的厚一些,躯干、四肢伸(外)侧面皮肤要比屈(内)侧面的厚一些。手掌、足底和头皮的皮肤最厚,而眼睑、乳房、外阴等部位的皮肤最薄。

若将皮肤组织切成薄片置于显微镜下观察,从外向内依次又可分为表皮、真皮和皮下脂肪组织三层(见附图)。

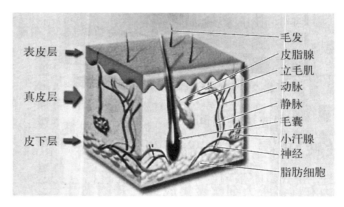

(图片引自张学军主编《皮肤性病学》第6版,人民卫生出版社2004年)

一、表皮层

最外层的表皮是由多层各种形状、大小不同的上皮细胞组成,越是里层的上皮细胞,其增殖、修复能力越强;而处于最外层的上皮细胞,则形成坚韧的角化层,对外界环境中各种有害因子的入侵具有很强的抵抗力,可称之为"人体的第一道防线"。它还能阻止体内水分的散失。外界很多化学物质,诸如护肤化妆品、药品、有毒物质等也可通过表皮吸收进入体内。表皮层里存在的黑色素细胞产生的黑色素还可吸收一定量的紫外线,防止过量紫外线对人体皮肤造成伤害。当然,适度的日光照射,对保持体内钙磷代谢平衡、促进体内维生素 D 的合成,也是不可忽视的。

二、真皮层

真皮层位于表皮层下面,由不同的纤维组织(胶原纤维、弹力纤维、网状纤维)、无定形的基质(透明质酸、硫酸软骨素)和少数细胞(成纤维细胞、肥大细胞等)组成,其主要作用与皮肤的弹性和韧性有关,还可抵御外界各种有害因素的入侵,可称之为"人体的第二道防线"。

三、皮下脂肪层

真皮层的下部即为皮下脂肪层,由疏松结缔组织包绕的脂肪细胞小叶组成,对外来的挤压、撞击等可起到良好的缓冲作用。同时,它也是热的绝缘体,可维持体内热量平衡。还有,皮下脂肪层也是人体诸多营养物质的储存地。

四、皮肤附属器官

正常的皮肤除了有丰富的血管、淋巴管和神经外,还有许多重要的附属器,包括可以分泌皮脂的皮脂腺、分泌汗液的汗腺、生长各种毛发的毛囊,以及具有保护、防卫功能的指(趾)甲等。一个人的皮肤显得滋润、丰满与否,和皮脂腺、汗腺分泌功能的正常与否密切相关。如果这些腺体的分泌功能衰退、减弱,皮肤就会显得干燥、粗糙;反之,如果这些腺体的分泌功能正常,皮肤就显得滋润,富有光泽、弹性。

五、婴幼儿及中老年人皮肤

婴幼儿及中老年人皮肤各有其不同于一般成人皮肤的结构和生理功能特性。婴幼儿的皮肤常较细致、柔嫩,对所接触的化学、物理性因素的耐受性往往较差,容易出现刺激或敏感反应;反之,中老年人的皮肤常趋向于生理性老化,皮肤弹性减弱、松弛起皱、干燥憔悴。这些特殊的生理变化,需要我们无论是在选用护肤、化妆用品时,或是在患了某些皮肤病后选用外用药时,都应特别加以考虑。

(王侠生)

第二篇
影响皮肤健美的因素

您知道影响皮肤健美的因素究竟有哪些吗?

皮肤是包裹在人体外表的特殊器官,毋庸置疑,它是和周围环境接触机会最多的一线组织,因此,它也最容易受到来自外周环境的各种各样的伤害;另一方面,体内的一些因素对皮肤健康也会产生较大影响,归纳起来,主要有以下5个方面。

一、日光

日光对皮肤健康产生一定影响的主要是红外线和紫外线。红外线可穿透到皮内、温暖全身、扩张微血管,促进血液流通和皮肤的新陈代谢;紫外线能抑制或杀灭皮肤表面的细菌、病毒、真菌等微生物,增强皮肤的防御功能。紫外线还可促使表皮内黑色素细胞产生黑色素小体,以增强皮肤抵御光线损伤的能力,同时可以使皮肤变得红润、黝黑,显得更加健美。但另一方面,过度的日光照射会导致细胞损伤,急性的可表现为皮肤大片红斑、水肿,甚至起疱。长期反复暴露于光照环境中会加速皮肤的老化(称之为"光老化"),特别是在最易遭受日光直接照射的头面、颈项、手背等部位,可出现肤色加深、皱纹增多加深、皮肤的弹性和柔韧性降低,甚至出现老年斑或皮肤角化等。

二、化学物

众多护肤品、化妆品,包括各种面霜、洁面乳、沐浴露、洗发香波、肥皂、花露水、染发剂、烫发剂、定型剂、唇膏、指甲油、剃须膏、除臭剂、制汗剂、消毒杀菌剂、灭虫剂等,均可在一部分人群中引起皮肤毒副反应。还有,皮肤病外用药物一方面在医治众多受治患者时发挥重要作用,但另一方面如使用不当,也可导致皮肤损害,加重病情或引起皮肤刺激及/或过敏反应。并且,人们在日常生活中经常配戴的饰品,如项链、手镯、耳坠、发夹、戒指、纽扣、皮带扣等,在少数对某些金属(如镍、铬、钴、铜、银、金、锌等)过敏的人中则可引起不同程度的炎症反应。此外,因穿戴皮革、塑料、橡胶、人造纤维制成的衣帽或鞋袜而引起过敏的亦时有所见。在生产企业直接从事生产的工人因接触各种化工产品原料或中间体,可引起各种皮肤损害,其中尤以在从事染料、树脂(塑料)、橡胶、石油化工、电镀、冶炼等行业的工人中为多见。

三、动植物及微生物

动物性如多种虫类或其他生物对皮肤的侵害,如蚊、螨、臭虫、虱、跳蚤、螨虫的叮咬、刺吸,刺毛虫毒毛的刺入,隐翅虫体内毒液的刺激,以及水母(海蜇)刺丝囊的射刺等;植物性侵害如漆树、荨麻、豚草、无花果、芒果、番茄等,可因接触其花、叶子、种子或浆液而引起皮肤炎。

此外，因各种细菌（如金黄色葡萄球菌、溶血性链球菌等）、真菌（如各种皮肤癣菌、念珠菌等）、病毒（如人乳头状瘤病毒、疱疹病毒等）感染皮肤可引起各种相关皮肤病，如毛囊炎、脓疱疮、皮肤癣病、传染性软疣、病毒性疱疹等。

四、营养因素

合理的膳食、平衡营养摄入对维持健康的体魄和皮肤、毛发、指甲的健美非常重要。所谓合理的膳食、平衡营养摄入是指不仅要保证足够的热量，而且还要在质的方面注意进食一定量的蛋白质、脂肪、糖类、维生素和矿物质。蛋白质是皮肤的主要营养成分，如果长期摄入不足，可导致皮肤生理功能减退、皮肤弹性降低、皱纹增加；脂肪在体内有一定保温、防撞击及固定组织和脏器的作用，如摄入过量则对人体反而有害，可使皮肤变得容易早衰；糖类的主要功能是供给人体热能，同时也帮助蛋白质的合成。大多数维生素是由食物供给，参与体内多种物质代谢，如维生素 A 可维持皮肤上皮细胞的正常生长繁殖，若摄入不足，可引起皮肤表面粗糙、角化；维生素 B_2 摄入不足，可引起唇炎、口角炎、舌炎和阴囊炎；烟酸（维生素 B_3）可降低皮肤对紫外线的敏感度，若摄入不足，可引起皮炎、腹泻及神经精神症状；维生素 B_6 可参与调节皮脂腺分泌及皮肤上皮细胞生长功能；维生素 C 可降低毛细血管的通透性，起非特异性抗过敏作用，可促进皮肤伤口的愈合，还可通过抑制 DOPA 的氧化，减少黑色素的形成，若摄入不足，可引起凝血机制障碍；维生素 E 系脂溶性抗氧化剂，可清除已释出的自由基，对胶原纤维和弹力纤维有恢复作用,改善皮肤的柔润度和弹性,还可改善外周血液循环,维持毛细血管正常通透性。无机盐类中有许多元素也是维持人体正常功能所必需,如钙含量不足,可导致骨骼和牙齿发育异常;铁含量不足,可引起贫血、肤色萎黄,头发、指甲变脆、变形、容易脱落。但是,有些有害元素如长期接触则可引起毒性反应,如砷可诱发皮肤上皮角化或癌瘤;汞可致齿龈炎、口腔溃疡;铅可导致皮肤色素沉着。故现今生产的各类化妆用品,对其中砷、汞、铅的含量均有严格规定。

最后,还应关注水的摄入。据测算,人体的 2/3 是由水分所组成。同时,人体的各种生理功能也都必须有水的参与。皮肤里有了足够的水分,就显得滋润、丰满;若水含量不足,皮肤就显得干燥、憔悴,还容易出现皱纹,头发、指甲就会变得干枯、无光泽、易断裂。

五、全身健康状况

一个人全身或某一脏器健康状况的好坏与否常常会在皮肤上反映出来。因此,人们往往将皮肤比喻为人体的一面镜子。如糖尿病患者约有 30% 可伴发不同的皮肤异常表现,比较严重的有足部坏疽(死)、外周神经炎(皮肤感觉麻木、疼痛)及细菌性或真菌性皮肤感染。高脂血症患者可伴发皮肤黄色瘤。风湿病患者可伴发皮下结节、环状红斑。缺铁性贫血患者皮肤显示苍白、干燥,甲板变形,毛发干枯脱落,易发口角炎、舌炎等。凝血功能障碍患者可出现皮肤黏膜瘀点、瘀斑、皮下血肿、血疱等。慢性肝病患者可伴泛发性皮肤瘙痒、肤色萎黄、色素沉着、蜘蛛痣、毛细血管扩张、甲板变形变色及毛发稀少等。慢性肾病患者特别是当肾功能明显低下时,可伴泛发性皮肤瘙痒,还可出现皮肤干燥、肤色加深,严重时现尿素"霜"等。有些恶性肿瘤如蕈样肉芽肿常伴明显的皮肤瘙痒;一些食管癌常伴掌跖角化症;一些胃肠癌可伴发黑棘皮病或大疱性类天疱疮。体内有些生理性变化,也可在皮肤上有所表现,如青春发育期的男女青年在腰腹、股部常出现条状萎缩纹。妊娠期妇女常于乳头乳晕、外阴部出现明显色素沉着,下腹、臀部出现妊娠纹。过度肥胖者可伴发和上述发育期青年一样的萎缩纹,还可出现毛发生长旺盛,少数肥胖的青少年可患上假性黑棘皮病。

(王侠生)

第三篇
皮肤老化和光老化

一般所说的皮肤老化和光老化究竟是怎么回事？是否可以阻止或延缓它们的出现呢？

皮肤老化是指皮肤本身的各种组织结构和生理机能逐渐出现衰退。实际上皮肤老化是整个人体衰老的一部分，是随着年龄增长而出现的一种不可逆转的变化，这种又称"自然老化"。如由于长期日晒（主要是日光中的紫外线）引起的皮肤老化则称"光老化"。实际上，无论是自然老化还是光老化，在同一个体上往往是并存的。

皮肤老化的因素错综复杂，诸如家族遗传、本人年龄、健康状况及生活工作环境等。其中，经年累月的长期日光暴露是引起皮肤老化最明确、最重要的原因已为大家所熟知，这也解释了为何皮肤老化多见于从事室外工作者，如农牧渔民、地质人员以及偏爱日光浴的人，且老化均以面、颈、项、上胸背、前臂、小腿、手足背等最易遭受日光直接照射的部位为主。

日光对皮肤的老化作用是一个长期渐进的过程。研究发现不同波长的紫外线对皮肤老化的发生均有影响，不能归咎于哪一波段紫外线的作用，皮肤老化应是所有波段紫外线的相互叠加效应。

皮肤老化的原因除上述主要因素外，还有些人为因素，如在日常生活中不注意科学护肤；另外一些不良嗜好如吸烟已被证实会使皮肤皱纹加重。酗酒、暴饮暴食、多吃甜食、维生素摄入不足、缺铁等可致皮肤弹性减退，出现早衰现象。

皮肤的自然老化是一个随着岁月流逝而渐进的缓慢过程，需要历经几十年的时间才会显现肉眼可见的一些表现；而皮肤光老化的表现则取决于各人的皮肤类型及一生中接受的紫外线辐射量。不过，两者往往相互伴行。

两种老化发生的原因不同，它们的表现也不尽相同。

（1）自然老化：在外观上，随着年龄的增长，皮肤表皮萎缩，逐渐变薄，色泽变得暗淡，像草纸样，又因为皮脂腺分泌皮脂减少，皮肤变得干燥、粗糙。随着年龄的进一步增长，皮肤出现皱纹，一种持久存在的深皱纹，好发于面颈部；另一种浅皱纹，皮肤绷紧后会自然消失，补充水分或涂些护肤霜均可获得改善。皮肤紧致度改变，皮肤松弛下坠，常见于老人的面颊部和上肢的内侧。

（2）光老化：皮肤光老化是指因日光中紫外线辐射引起的一种皮肤老化现象，是环境导致皮肤老化的最主要因素。光老化的特征之一为在经常暴光的部位出现皱纹，皮肤显得粗糙、增厚，皮面沟纹明显，呈现皮革样外观，在颈项部可现菱形皮肤；有时还可见毛细血管扩张性红斑。此外，在光照部位出现污秽的色素斑，也可出现色泽深浅不均的表现。有的学者将多种与光线辐射有关的皮肤病也归为光老化的特殊表现。

对于皮肤老化,预防的作用往往大于治疗的效果。因此,抗皮肤老化特别是抗光老化重在预防。首先是注意避免过度的日光曝晒,不仅是夏季,一年四季都需要注意防护。酌情采用不同的防晒剂也是防护光老化的有效手段之一。防晒剂通过化学性或物理性阻抑作用,防止紫外线对皮肤的损伤。

长期以来,自然老化和光老化一直被认为是不可逆转的过程,但是近年来有很多研究已发现,一些抗氧化剂如维生素E、维生素C及β胡萝卜素等均具有一定的防止光老化损伤的效果。有些药物可以延缓、逆转或减轻光老化,如全反式维A酸、α-羟酸。还有,透明质酸等对皮肤的自然老化如皱纹、萎缩可具有一定的组织重塑功能。一些激光如高能CO_2脉冲激光、Er:yAG激光均已用于光老化的治疗。

(王侠生)

第四篇
护肤和护肤品

日常生活工作中究竟该如何保护好自己的皮肤？

整个人体表面除眼、鼻腔、口腔、肛门、尿道及阴道口外均被皮肤完整覆盖，皮肤就好像一堵"墙"，是维护人体正常机能运作的第一道防线。因此，如何维护好这堵"墙"的结构完整及正常功能就显得非常重要。

一、经常保持皮肤的清洁卫生

皮肤表面经常被人体的新陈代谢产物，如排出的皮脂、汗液和空气中的灰尘等污染，再加上皮肤表面还有大量各种细菌、病毒、真菌等微生物寄生，这些代谢物、微生物往往会引发皮肤疾患；如果皮肤已经有了损伤，则更容易招致各种有害物质的侵袭。因此，经常保持皮肤的清洁卫生是维护皮肤健康的重要一环。水和肥皂或洗手液是日常生活中最常应用的清洁用品。用清水洗涤皮肤，可以清除皮肤表面、毛孔、汗孔中的灰尘、新陈代谢产物和微生物,一般温热水能够舒缓皮肤,溶解皮脂,扩张皮肤毛细血管,开放皮脂腺毛囊口,促进皮肤代谢产物的排出。所以,温热水的去污作用要比冷水强。但也必须知道的是,正在患有皮炎湿疹类疾病且皮疹处有渗出、糜烂的患者,则不宜用热水洗烫患病的部位,因为用热水烫洗往往导致皮疹加重。对这些皮炎湿疹患者酌情用冷水或温水清洗,既可起到清洁皮肤的作用,又能起到一定的消炎止痒功效。肥皂、沐浴露、洗发水、洗手液虽均有良好的去污、去脂作用,但如果皮肤敏感或产品成分、质量有问题,反而可能引起不良反应。

正常情况下皮肤表面是偏酸性的,可阻抑寄生在皮表的各种微生物的繁殖;而上述各种洁肤用品多属碱性,使用后均可改变皮肤表面的酸碱度,如应用过多,一方面可造成酸碱平衡失调,另一方面也可能损伤正常的表皮结构及其屏障机能。因此,建议平时洗面、洗手、洗发、沐浴时尽量选用不含游离碱的中性或酸性洁肤用品。婴幼儿和老年人以及对各种刺激比较敏感的人,宜选用多脂性肥皂或儿童专用洁肤产品。

二、正确选用护肤用品

随着人们物质文化生活水平的提高,大家对护肤、护发、化妆用品的需求也越来越多,如选用得当,确有助于维护皮肤、毛发的健美。一般而论,干性皮肤、头发(因皮脂分泌过少或体质、疾患等其他因素)者,特别是在天冷干燥季节,清洗后搽些润肤乳膏、乳液,可保持皮肤柔润光滑,防止皮肤起皱、开裂;但油性皮肤、头发(因皮脂分泌旺盛或体质等其他因素)者,特别是在天然潮湿季节,则不宜涂搽油性太多的护肤品;对具有敏感皮肤者,用了护肤品以后还可能引起局部刺激或过敏反应。近年来,市场上出现不少宣称兼治"色斑""青春痘"等所谓的功能性护肤化妆品,更应谨慎选用。

三、特种职业人群的皮肤防护

从事某些特殊职业或工种的人,常常因为接触各种有害物质而引起皮肤病症。当然,为了杜绝这类不良情况的发生,关键在于生产条件和环境的改善及生产操作规程的健全,同时加强个人卫生防护也是不可或缺的一环,如不同工种须配备不同要求的工作服,包括鞋帽、手套、口罩、防护眼镜等。有些工种尚需在颈、手、前臂等暴露部位涂上有针对性的皮肤防护剂,以避免或减少生产性有害物质对皮肤的直接伤害。一旦接触强酸性、强碱性或有毒化学物,必须及时彻底冲洗干净。

(王侠生)

第五篇
合理选用化妆品

有关化妆品您了解多少?
如何正确选用化妆用品?

按照其使用情况,我国将化妆品分为 5 类:① 护肤类;② 美容类;③ 发用类;④ 洗涤类;⑤ 口腔用品。这里重点介绍前 3 类。

一、护肤化妆品

这类化妆品属于基础化妆品,主要为皮肤补充水分和油分,因此,其安全性至关重要。它应在胶体的稳定性和微生物含量合格的基础上取得良好的使用感觉和使用效果,即保湿性及柔和性。

为满足不同的使用目的,护肤化妆品又可分为以下 5 种:

(1) 清洁皮肤用品:如洁肤霜、洁面乳和香皂,它们都具有良好的洗净力,前两者的 pH 多呈弱酸性或中性,对皮肤基本无伤害。

（2）化妆水：多为透明液体，作为润肤剂以油分为主，具有良好的保湿效果；还有的通过收敛作用来抑制过多的皮脂分泌。

（3）膏霜类：是护肤类化妆品中的代表，用于补充皮肤表皮的水分、油分和天然保湿因子，对皮肤起到重要的滋润、保护作用。这类化妆品是由油脂、蜡、水和乳化剂组成的乳体，按油水比例的不同，可分为水/油型（W/O）和油/水型（O/W）两种。加入乳化剂则是为了使乳化体呈稳定状态。由于润肤类膏霜涂抹后留在皮肤上的时间较长，所以在研制、生产中对其安全性和稳定性都不可忽视。

（4）奶液（乳液）：是介于化妆水和膏霜类之间的乳状物，是油/水型制品，易与皮肤亲和，常用于皮肤的保湿。这类产品对皮肤干燥者较为方便且有效。

（5）面膜：是一种具有洁肤、润肤作用的可流动的胶状物。将其薄薄地涂敷在面部皮肤上，经 10～20 分钟左右干燥成膜。这时皮肤表层吸收了来自面膜的水分，加上面膜的封闭作用，保持住皮肤内的水分，从而使皮肤变得滋润、柔软；面膜中的添加成分如维生素、天然保湿因子等，就能渗进皮肤，增进皮肤机能。剥离面膜时，还能起到一定的洁肤作用。

二、美容化妆品

这类化妆品主要指用于美化面部皮肤、眼睑、眉、鼻、唇及甲等的用品。它通过颜色增添色彩，添加阴影以增强立体感，突出眼神和口唇，遮掩皮肤上的瑕疵，使容貌光彩焕发，增加美感。根据使用的目的和部位，美容化妆品主要有粉底霜、唇膏、胭脂、眉目用品（包括睫毛油、眼线笔、眼影膏、眉笔等）、甲用品和香粉类。

对美容化妆品性能的总体要求是：① 产品的色泽均匀,与涂敷色接近；② 化妆效果好,涂抹后色泽稳定；③ 使用时柔和,无异样感,易于卸妆；④ 产品质量稳定,放置后不发生变色、变形、分离及产生异味；⑤ 安全性高,对皮肤黏膜不产生刺激或致敏反应,不含重金属等有害物质,无微生物污染,所用原料符合国家规定的标准(食用、药用、化妆品级)。

对各种美容化妆品分别简介如下。

(1) 粉底霜：粉底霜主要用作化妆前打底用,可调整肤色、掩盖皮肤缺陷、使皮肤滑爽等。

(2) 唇膏：唇膏色调以红色为主,可以增添唇部色彩,赋予其光泽,增加其魅力。目前还有本白色,又称无色唇膏,可滋润干裂的唇红。有的加入遮光剂,兼具防晒功效。

(3) 腮红：腮红是在涂粉底霜后用于调整面颊部的色调,是修饰脸型的一种手段,在化妆色彩学中有"暖色向前,冷色后退,浅色突起,深色凹下"的说法。

(4) 眼影膏：眼影膏是描涂在眼睑部以形成阴影,有扩大、强调眼睛轮廓的效果,使眼睛显得深邃而光亮。眼影膏有不同色调和剂型。因用于眼周,其卫生和安全性要求都特别高。

(5) 眼线笔：眼线笔用于沿眼睫毛生长的边缘画线,目的是使眼睑轮廓清晰、增加眼睛的光彩和亮度。

(6) 睫毛油(膏)：睫毛油(膏)用于涂抹在眼睫毛上,使眼睫毛显得浓而长,从而增强眼神和眼的美感。

(7) 眉笔：眉毛画得浓、淡、疏、密及眉形的粗、细、长、短、弯、直可以显示出化妆者的个性。现在多用铅笔型眉笔。

(8) 甲类化妆品：包括指甲油、底层及表面涂剂、去膜剂、甲擦光剂等制品。用于涂在指(趾)甲上，以其独特的光泽与色彩而起到美甲作用。这类产品中的有机成膜剂、溶剂、颜料等，可对甲板及甲周皮肤产生一定的刺激或过敏反应。

(9) 香粉类：香粉主要用于化妆结束后的定妆，使化妆后外观显得稳定、平滑、真实。同时，还可抑制由于上妆后汗腺、皮脂腺的分泌所引起的面部光亮。

三、发用化妆品

(1) 烫发液：人类烫发的历史较悠久，早期的热烫和电烫因其存在的一些弊端，现已多被化学冷烫所取代。后者的基本原理是利用具有巯基(SH)的化学品，在常温下有效地切断头发蛋白质中胱氨酸的二硫键(—S—S)，使头发变得柔软、易于弯曲。目前的冷烫液通常采用巯基乙酸盐为主要原料。由于在碱性条件下，巯基乙酸的还原作用明显增强，故在冷烫液中常加入氨水、乙醇胺等。冷烫液具有强碱性(pH 8.8~9.2)，以致理发师手部常因长期反复接触冷烫液而出现刺激性皮炎。

(2) 染发剂：染发剂是指能改变头发色调的制品，其品种繁多，有氧化染发剂、金属染发剂、头发着色剂等，以前者应用最为普遍。

氧化染发剂：由染料中间体(对苯二胺、对氨基苯酚或邻苯二胺)、耦合剂(间苯二胺、间氨基苯酚)及氧化剂(过氧化氢、过硼酸钠)三种反应性化合物构成。它们通过氧化作用使头发着色。通常为保持染发剂的质量，在其中还添加 pH 调节剂(pH 要求在 9~10 之间)、稳定剂、乳化剂等。氧化染发剂中最常用的对苯二胺是一种强致敏物,常诱发过敏性皮炎。

金属染发剂:这种染发剂仅吸附在头发表面形成涂层,不能透入发髓。如乌发乳,其主要成分是铅或银盐,如醋酸铅、硝酸银。如长期使用,可因金属在体内积蓄而引起中毒。

头发着色剂:将含有着色剂的油脂或树脂涂在头发表面的一种染发品。

(3)香波:香波一词是"Shampoo"的音译,又称洗发露,用于洗涤头发和头皮。自20世纪50年代后期,由于合成洗涤剂的问世,市场上出现了以烷基硫酸盐(AS)为基础的膏状洗发剂;60年代又发展为液体,其中的主要表面活性剂也由AS发展为烷基醚硫酸盐(AES)。目前市场上的洗发剂已由原来的阴离子表面活性剂发展为两性离子表面活性剂及非离子表面活性剂。

香波按使用者头发的油性情况、发质要求而有不同产品。近年来,又研发出赋予各种不同功能(去屑、止痒、抑菌、祛臭等)的产品。

四、合理选用化妆品

市面上琳琅满目、形形色色的化妆品,常使消费者无所适从。因此,如何合理地选用心仪且适合自己的产品,成为人们关注的问题。这是一个看似简单、实则颇有一定难度的问题。一般而言,首先必须弄清使用者的皮肤类型和特点,以及有关化妆品的种类和用途,然后再结合使用者的年龄、身体条件、职业以及地域与季节等因素,选择合适的化妆品。

1. 根据皮肤类型和特点选用化妆品

(1)油性皮肤:油性皮肤不宜选用油质丰富的化妆品,宜选用洁肤型化妆品以及含油脂少的护肤、营养型化妆品，如乳液、水包油冷霜、粉状粉底霜。

（2）干性皮肤：干性皮肤不宜选用油质少的化妆品，宜选用含油脂较多的护肤、营养型化妆品，如油包水乳膏；洁肤尽量选用较为柔和、刺激性小的产品。

（3）中性皮肤：此型介于油性和干性之间，皮肤既不油腻也不干燥，较为平滑。该型皮肤无需特别护理，可视季节变化酌情用些合适产品。

（4）混合型皮肤：主要表现为面部中央"T"形区皮肤油腻，而其他部位则较干燥。该型皮肤在选用化妆品时应依其不同区域皮肤，类型参照上述原则分别选用。

值得注意的是，上述皮肤类型的分类不是绝对的，人的肤型会随着年龄的增长及环境、季节的变化而发生改变。因此，选用化妆品也应适时调整。

（5）敏感型皮肤：所谓敏感型皮肤一般是指皮肤、特别是面部皮肤，对环境中的螨、花粉、豚草、柳絮等生物性因素，以及空气中的化学污染物、气候的变化等易于发生瘙痒、皮炎等反应。对这一人群，在选用化妆品时应特别谨慎，尤其应当避免使用容易诱发皮肤反应的染发剂、冷烫液、香水、营养型及药用型化妆品；而应选择不含香料、酒精、防腐剂及着色剂的产品，成分越简单越好。

2. 根据化妆品种类、用途选用化妆品

化妆品的种类繁多、性能各异，它们的作用、特点、用途也各不相同。因此，在选购化妆品时，必须首先了解欲认购产品的详细信息，切勿一味迷信名牌，更没必要盲目相信所谓"进口""高档"化妆品。用惯了的、适合自己皮肤的就是选对了的好产品。

3. 根据地域、季节和气候条件选用化妆品

我国幅员辽阔,就地势而言,西北高、东南低;就纬度而言,南北相差达30度;就气候条件而言,南方地区温湿多雨,北方地区寒冷干燥。即使在同一季节,东、西、南、北、中的气温、湿度、光照也相当悬殊。因此,我们在选用化妆品时应当考虑到不同地域、季节和气候等条件。

一般而言,温湿多雨的夏季,皮肤多汗湿润,人们多不必化妆;即使化妆,也宜用水质化妆品,可选用含防晒剂的化妆品,特别是从事室外作业的人员。冬季随着环境温度的降低,人的皮肤也渐趋干燥、脱屑,面部皮肤还易起皱纹。因此,冬季宜选用油性护肤、营养型油性乳膏;添加硅油、尿囊素、尿素的护肤化妆品则更好。

4. 根据年龄特点选用化妆品

严格地讲,不同年龄的人对化妆品的需求也不同。市场上各种化妆品说明中没有特别指明使用人群的产品,实际上都是供成年人使用的。儿童特别是婴幼儿,皮肤娇嫩,抵抗力较差,敏感性较高,一般认为只宜选用性质温和、组分简单的护肤品,而不宜采用美容产品。考虑到儿童的皮肤结构及生理特点,我国对儿童用化妆品原料的品种及卫生指标都有严格的要求,如《化妆品卫生标准》规定,3岁以下儿童禁用含有硼酸、六氯酚、水杨酸盐等的化妆品;细菌数不得高于500个/ml(g),低于成人用品中的一倍。对有过敏体质或患哮喘、湿疹的儿童,选用护肤化妆用品时更应谨慎,必要时须咨询专科医生。中青年人除护肤外,可酌情选用美容、营养类化妆品。上妆时尽量做到淡雅、

柔和,除非职业上或生活中的某些特殊需要,切忌浓妆艳抹。老年人皮肤干燥,可酌情选用带油性的护肤、营养类化妆品,少用洁肤品。

(王侠生)

第六篇
日光紫外线对皮肤的伤害及遮光剂的应用

日光紫外线对皮肤的伤害如何？如何选用、评价皮肤遮光剂？

日光紫外线辐射对皮肤的影响主要取决于紫外线的波长、皮肤暴露时间的长短和强度、反复暴露频度、受辐射者的年龄、受辐射部位以及个人的家族遗传等因素。

紫外线各波段辐射对皮肤的影响各不相同。如中波段（UVB）可引起皮肤红斑、水肿，严重时还起水疱，导致皮肤皱纹形成、表皮增厚、诱发皮肤癌等。长波段（UVA）除引起红斑外，主要引起色素沉着斑。UVB诱导的黑色素形成，在一个月之内可随着表皮更新而消退。UVA可以穿透表皮到达真皮及以下脂肪组织层，引起血管以及细胞、基质的改变，导致皮肤光老化。UVA还能诱导核糖核酸（RNA）的改变，促进UVB导致的致癌效应。

紫外线除了作用于皮肤外，还可引起头发损伤；当头发暴露于大剂量紫外线下，会引起张力降低及头发变棕色、由黑变黄，这也是光氧化产生的漂白作用和氨基酸的光降解作用所致。

现在人们已经认识到紫外线辐射对皮肤的危害，开始重视对日光紫外线的防护。如何合理地选用防晒剂（遮光剂）保护皮肤、开发安全有效的防晒剂已成为广大消费者和有关科研人员关注的焦点。

皮肤遮光剂是指可以吸收或屏蔽紫外线的一类化学物质，常用来配制成各种防晒化妆品，用以保护皮肤免受因日光照射而引起的损害。合理使用防晒品，不但可以防止或延缓皮肤光老化，还有助于受损皮肤的修复和痊愈。

比较理想的遮光剂应当能够广谱吸收或屏蔽全波段紫外线，即既防中波段紫外线（UVB）又防长波段紫外线（UVA）。

防晒品对 UVB 的防护效果常用日光防护系数（SPF）表达。在紫外线的照射下，产品的 SPF 值可通过测定产品保护和不保护皮肤的最小红斑量求得。在一定范围内防晒品的 SPF 值越大，表示防晒效果越强。SPF 值达到 30 的产品，对 UVB 的阻断率可达到 95% 以上。防晒品对 UVA 的防护效果用 UVA 防护系数（PFA）来表示，这种标识主要适用于日晒引起黑化或色素沉着的一系列生物测定，主要反映对 UVA 的防晒黑效果。在一定范围内 PFA 值越大，表示防晒黑效果越强。

我国《化妆品卫生规范》(2007 年版)中规定的限用遮光剂有 28 种，其中包括 26 种化学性遮光剂或称为紫外线吸收剂，及 2 种物理性遮光剂或称为紫外线屏蔽剂。

1. 化学性遮光剂

化学性遮光剂通常为组织所吸收,经由人体代谢,其中的化学组分进入皮肤后,和紫外线产生交互作用,使其转变为无害的能量。这些化学物因为在皮肤内发生化学反应,因而就有可能引起刺激性或过敏性反应。

化学性遮光剂种类繁多,其中有些以吸收 UVB 为主,如肉桂酸酯类、水杨酸酯类、对氨基苯甲酸类(PABA);有的以吸收 UVA 为主,如二苯甲酰甲烷类(Parsol 1789);有些既能吸收 UVB、又能吸收 UVA 的所谓广谱紫外线吸收剂,如二苯甲酮类。

近年来还有不少新型化学性遮光剂正在开发研制中。将 UVB 及 UVA 遮光剂合并使用,可提高防晒化妆品的防光效果。

2. 物理性遮光剂

物理性遮光剂通常滞留在皮肤表面,不会被皮肤吸收。这些存留在皮肤表面的遮光剂粒子,阻挡、反射或散射掉紫外线,减少到达皮肤的紫外线的量。因为不发生化学反应,其性能稳定,对皮肤温和,因此不会引起刺激反应。常用的物理性遮光剂有二氧化钛及氧化锌,前者细颗粒可阻隔 UVB 及少许波长较短的 UVA;后者可阻挡 UVA 及 UVB 波段的辐射。两者配制成防晒化妆品,几乎可以阻断所有波段紫外线。

3. 天然遮光剂

天然遮光剂因为没有化学遮光剂易氧化变质、光稳定性差等情况,近年来越来越受到广泛关注。包括植物性产品如茶多酚、沙棘油、牛蒡精华、海藻精华、芦荟胶、芦丁、陈皮素、红景天等。这类防晒化妆品比较安全,适合敏感皮肤者选用。

4. 其他

含有维生素 C 和维生素 E 成分的产品具有抗氧化作用,能起到一定的防晒和抗皮肤老化效果。

应当指出的是,单一防晒剂很难达到理想的防晒效果。因此,将几种防晒剂合理搭配是优化防晒效果的常用方法。配方中选用合适的溶剂或添加合适的防晒增效剂均可增强防晒效果。

(王侠生)

第七篇
"敏感皮肤"及皮肤过敏反应

一般所说的"敏感皮肤"究竟是怎么回事？它和"皮肤过敏反应"（皮肤变态反应或皮肤超敏反应）是一回事吗？

敏感皮肤是一种常见的皮肤异常现象，目前对于敏感皮肤的认识尚未统一。有学者认为敏感皮肤指健康成人面部皮肤在使用化妆品或护肤品后出现的一种异常感觉反应，包括瘙痒、烧灼感、刺痛感、干燥感和绷紧感等。也有学者认为敏感皮肤是一种对外界刺激比正常皮肤反应性更高、反应程度更大的皮肤类型。还有学者提出敏感皮肤是对外界环境因素（如护肤化妆品、冷、热等）的一种异常反应，可分为主观反应（如刺痛感、烧灼感、瘙痒绷紧感）和客观反应（如红斑、丘疹、脱屑、色素斑等）。综合以上各家意见，所谓敏感皮肤就是一种对外周环境中各种原本正常的因素亦可出现异常不良反应的皮肤类型，具有敏感性高、耐受性差及易反应性三个特征。

据欧美及日本调查资料显示，具有敏感皮肤者在正常人群中所占比例为 38%～56%，其中女性显著高于男性。据国内对京、哈、蓉、苏四城市约 2 000 名女性的调查，敏感皮肤发生率高达 36%，随着年龄的增加，发生率逐渐降低。对上海市人群调查显示，敏感皮肤发生率为 29.8%。

归纳起来，敏感皮肤出现异常反应的因素有：① 环境因素（风、日光、寒冷天气、气温的剧变等）；② 局部因素（护肤品及美容化妆品、硬水）；③ 心身因素（心理压力、月经期）；④ 饮食因素（进食辛辣食品等）。引发敏感皮肤异常反应的因素众多，包括个人体质、年龄、性别、种族等。国外调查资料发现，大多数具有敏感皮肤的人群均有相关家族史。敏感皮肤还和性别、年龄相关。女性具敏感皮肤者显著多于男性，这可能和男女皮肤结构差异有关，因为据测定，男性皮肤表皮厚度明显大于女性。另外，男女之间体内分泌激素水平的差异，使女性皮肤对环境因素更加易感。在年龄方面，年龄越大，出现敏感皮肤表现的越少，这可能和感觉神经功能衰退有关。敏感皮肤与种族之间的关系说法不一，有研究发现欧美白人和亚洲人的皮肤似乎比较敏感，这种皮肤敏感程度的不同可能与肤色有关，肤色较浅者血管反应性更强，较易出现皮肤敏感反应。

目前对敏感皮肤发生的真正原因尚不十分清楚，可能是内外环境中多种因素，如皮肤屏障功能降低、感觉神经信号输入增加和免疫反应增强等分别或共同作用的结果。

在选用护肤化妆用品时，宜尽量选用性质较柔和、成分较单一的产品，避免使用易产生刺激、易致敏的组分，如乙醇、防腐剂、香精等。

以上是有关所谓"敏感皮肤"的大致情况。至于真正的皮肤过敏反应即皮肤变态反应或超敏反应,则是一种特异性的免疫反应,即当身体再次接触曾经接触过的相同物质(抗原)后产生的一种针对性反应,即免疫介导的一种炎症反应,它不同于前面介绍的敏感皮肤发生的表现。目前将这种具有高度特异性的过敏反应分为4种(Ⅰ～Ⅳ型),这里仅谈谈皮肤过敏反应究竟是怎样引起的。

一般来说,皮肤过敏反应既有来自身体的内部因素,又有来自外界环境的外部因素,前者诸如遗传性过敏体质、个体易感性、内分泌及代谢改变、精神心理变化(如紧张、压力、焦虑、过劳等)及慢性感染病灶的存在(如咽扁桃体炎、龋齿、鼻窦炎、肠寄生虫感染等)等;后者诸如接触各种化学物质、药物、吸入物(如花粉、尘螨、微生物等)、动物皮毛、食物(如鱼、虾、牛羊肉、蛋、乳品等)及环境温湿度变化、日光紫外线辐射等。至于上述诸多因素究竟是通过哪些途径、哪些机制引起皮肤过敏反应的,则尚不十分清楚。

这里仅简单介绍有关接触某些化学品是如何引起皮肤过敏反应的。日常生活中经常接触诸如清洁用品、护肤化妆用品、服饰品、塑料制品、金属制品等,通常并不会引起任何不良反应,但极少数人接触后,在体内经过一段时间(4～20天)的致敏过程,身体会处于敏感状态。在这种情况下,接触者如再次接触到同样的或相似的(从化学结构上)化学制品(含有和先前相似的致敏成分),一般在几小时至一两天内,接触部位及其邻近部位即可发生急性炎症性过敏反应。

(王侠生)

第八篇
皮肤瘙痒的前因后果

皮肤瘙痒是很多皮肤病的主要或常见表现，这种现象究竟是怎样引起的呢？

瘙痒是一种看不见的主观感觉，有的仅发生在身体的某一部位，如头皮、小腿、外生殖器、肛门；有的一开始仅限于一处，而后发展到全身，或痒无定处。瘙痒常表现为阵发性，且往往夜间尤为严重；少数表现为持续性，瘙痒一时难以停息。

患上皮炎、湿疹、痒疹、荨麻疹等炎症性皮肤病（指非感染性炎症）的患者几乎无例外地总是同时伴发皮肤瘙痒。这类由于皮肤本身的炎症或损伤而引起的瘙痒，在临床上或日常生活中是经常遇到的一种。另外，季节性气温、湿度改变，摄入某些辛辣食物、饮料、药物，日常工作、生活中接触某些酸碱类化学品、清洁卫生用品、化妆品、塑料、化纤、动物皮毛、花粉、粉尘，昆虫叮咬、真菌、蛲虫感染、滴虫感染，以及日光照射等内外环境中的理化、生物因素均可诱发不同范围、不同程度的瘙痒。老年人因皮肤老化而皮脂分泌减少、育龄妇女妊娠期，或神经精神因素

(心理创伤、焦虑、激动、恐惧、忧郁)亦可诱发皮肤瘙痒。患有某些系统性或脏器疾患(如肝胆疾病、阻塞性黄疸、肾功能衰竭、尿毒症、糖尿病、血液病、恶性淋巴瘤等)者常可伴发不同程度的皮肤瘙痒。

综上所述,皮肤瘙痒发生发展的原因是多方面的,既有多种多样的外界环境因素,又有错综复杂的身体内部因素。那么这些形形色色的内外因素究竟是通过哪些机制、途径引起或诱发皮肤瘙痒感觉的发生呢?目前尚不完全清楚。研究人员陆续发现,在皮肤瘙痒出现时,身体内常有多种生物活性物质(介质)从组织内产生并释放,其中有不少直接或间接地和瘙痒有关。研究人员将这些可能引起或诱发瘙痒的生物活性物质称之为"致痒介质",其中最主要或最重要的一种叫组胺(组织胺),其由组织内的肥大细胞产生、释放,这些被释放出来的组胺首先与遍布体内的一种特殊受体相结合,而后直接作用于皮肤内的感觉神经末梢,引起瘙痒。白介素-2(IL-2)是近年来才被证实的另一种致痒介质,由淋巴细胞产生、释放,它也必须先与一种特殊受体结合后再发挥其致痒作用。此外,来自神经元组织的鸦片肽、P物质亦已被证实是致痒介质,前者不单作用于外周组织,而且还可以在中枢神经系统(脑、脊髓)中发挥作用。研究后发现,诸如胰蛋白酶、木瓜蛋白酶、5-羟色胺、缓激肽、胰激肽、血管活性肠肽、血管舒缓素及前列腺素等均可能与皮肤瘙痒有关。

以上这些致痒介质引起或诱发皮肤瘙痒感觉究竟是通过什么途径传导的呢?研究初步发现,可能由一种无髓鞘的伤害感受器C纤维负责痒的传导,痒感信号通过脊髓传入大脑内主管瘙痒感觉的神经中枢。实际上,有关皮肤瘙痒的发生机制还有很多悬而未决的问题有待进一步深入探索。

(王侠生)

第九篇
护肤化妆品引起的 10 种皮肤不良反应

因护肤化妆品引起的皮肤黏膜反应究竟有哪些?

护肤化妆品是用来保护皮肤、美化皮肤的。但是,由于护肤化妆品是由多种原料加工而成的一种混合物,其成分复杂,一些人在长期使用过程中,皮肤上难免会出现某些不良反应。最容易引起皮肤反应的护肤化妆品成分为香料和防腐(抗菌)剂,其他依次为对苯二胺、一硫基乙酸甘油酯、丙二醇、甲苯磺胺/甲醛树脂、遮光剂及其他紫外线吸收剂,这些成分大多存在于护肤美容品及发用制品中。

在护肤化妆品使用过程中,或由于其化学原料问题(有些化学品不宜用作化妆品原料)、内在质量问题(不纯或杂质含量太高)及浓度问题(浓度太高),或由于使用者自身体质(过敏体质、皮肤性能差等)及剂型选用不当等问题,都有可能引起皮肤的不良反应。它们可单独地、也可几种成分相互协同地引起皮肤反应。这些反应主要是由化妆品或其中某些成分对皮肤的刺激、致敏、光毒与光敏感所引起的。其中,刺激和光毒作用可通过对化妆品的原料、质量、浓度的科学、合理的筛选而避免;而光敏感则常难以避免。

皮肤黏膜反应有多种表现,其中以接触性皮炎所占比例最高,危害性最大。据上海市医院皮肤科提供的化妆品皮肤不良反应病例,接触性皮炎占同期化妆品不良反应发病总数的75%。

要确认由化妆品引起的皮肤反应,有时有一定难度。据统计,约有半数患者或医师未能察觉出化妆品是皮肤病的发病原因,特别是想要搞清楚一种化妆品中的哪种成分为致病因素更是困难重重,因为目前绝大多数生产厂家在产品介绍中未能提供详细的原料组成成分。

兹将护肤化妆品引起的皮肤及黏膜不良反应分别介绍如下。

一、过敏性接触性皮炎

本病除少数系原料选用不当或原料中含有较多杂质所致外,多半是由于化妆品中某些组成成分对皮肤具有致敏作用。这种引起过敏反应的致敏物,大多数人接触后并不发病,仅少数人接触后发生皮肤不良反应。众所周知,化妆品成分极其复杂,一种化妆品常由几种、十几种,甚至几十种化学物组成,接触者只要对其中一种成分过敏,就可发生本病。过敏反应程度与该致敏物的致敏性强弱及接触者的敏感性有关。日常生活中经常使用的冷烫液、除臭剂及未经稀释的洗涤剂,或多或少都会对皮肤产生一定的刺激作用,使用不当,便有可能引发皮炎。反应程度与接触浓度、用量及作用时间有关。由此可见,化妆品从原料,如油脂、香料、防腐剂、颜料、乳化剂、表面活性剂、遮光剂(紫外线吸收剂)和维生素等,直至成品都有可能引起接触性皮炎。就一般消费者而言,由染发剂引起的过敏反应最为严重;就专业理发师而言,由冷烫液引起的反应最为多见;在日常生活美容中,则因胭脂、营养护肤套霜、香水与花露水等引起的反应较为常见。

化妆品接触性皮炎主要发生在涂搽化妆品的部位。由于大多数化妆品用于面部,该处就成为最容易发病的部位,其中又以组织疏松的眼睑最为明显,其次是颊部。发用化妆品主要涉及头皮,特别是破损的头皮;染发水则除头皮外,还常延伸到面、耳。腋部皮炎常由除臭剂(少数为香水)引起;眉部皮炎常由眉笔引起;手部特别是手指部位的皮炎,主要由冷烫液(大多见于理发师)引起,有时也由染发水引起。由此可见,不同用途的化妆品可引起特定部位的皮肤发病。如果化妆品致敏性较强而接触者又具有高度敏感性时,皮疹可从接触部位向周围蔓延,严重时还可影响全身。

由化妆品引起的接触性皮炎的轻重程度也是不一样的。轻者表现为皮肤呈淡红色或出现红色斑,带有轻度水肿,有时在红肿基础上可见痱子样红色丘疹,散在分布或簇集成群;重者表现为眼睑高度红肿,睑裂变小成缝,还可出现密集水疱,破后显露红润的糜烂面,伴有脓水渗出。由护肤营养化妆品引起的接触性皮炎一般都较轻;而表现为糜烂、渗液等较严重的接触性皮炎主要由染发水引起。这些皮疹常在停用致病化妆品并予以治疗1~2周后就会好转、消退。如再次与此类化妆品接触,常会再次发病。因职业关系发病后继续日复一日接触冷烫液的理发师,其手部皮疹常由最初的红斑、水肿、水疱,逐渐发展为成片皮肤浸润增厚、干燥、脱屑,并常在此基础上出现小片糜烂面,间有少量渗液现象,结痂或出现短浅裂口。自觉瘙痒,有裂口时有疼痛感。因此,为避免上述情况的出现,理发师在接触冷烫液时,应戴上橡皮手套。

这里需要指出的是,因接触过敏而引起的接触性皮炎并非一接触致敏物就发生。一般而言,从接触到初次发病要间隔几天至十几天,甚至更长时间;初次过敏后再接触该致病化妆品或含有该致敏成分的其他化妆品,则常在用后1~2天内再发病。这是过敏性接触性皮炎的发病规律。因此就不难解释,为何有些人在连续较长时间使用化妆品后才发病,另一些人化妆后24~48小时内,甚至化妆的操作程序尚未完成就已出现反应。

另有一种情况,就是有些人一旦对某一种化学物过敏,就常易对另一种或另一些化学物过敏,以致对先前使用但并不发生反应的化妆品也会出现过敏现象,因此难以选用比较适合自己的产品。

过敏后,为避免因再接触而再次发病,必须查明引起过敏性接触性皮炎的致敏物。这可借助于皮肤斑贴试验。皮肤斑贴试验是通过皮肤敷贴的方法来检测患者的皮肤对某种或某些化学物是否具有接触敏感性的一种病因诊断方法。

试验是在患者背部脊柱两侧或前臂屈面正常皮肤上进行。对平时直接涂搽并保留在皮肤上的化妆品,如护肤的膏霜、乳液等常取成品做试验；对涂搽后必须冲洗掉的化妆品及已知对皮肤有刺激的化妆品，如染发水、冷烫液、沐浴露、洗涤剂等，一定要稀释后才能做试验，否则可能会对皮肤产生刺激，出现的是刺激反应而并非过敏反应。

试验时可采用市售的斑贴试验胶带来进行。将膏霜类化妆品平涂在该试验胶带上直径 8 mm、深 0.5 mm 的圆形药盘内；液态化妆品应沾湿一层滤纸后置于药盘内，然后连同胶带一起平伏地敷贴在受试部位的皮肤上。若欲自行试验，可取 4 层 1 cm^2 见方的纱布，在纱布上薄涂一层化妆品或浸湿纱布而不滴水，上覆一张边长约 3 cm^2 的正方形无色不透水纸，再用稍大些的胶布封闭固定。斑贴 24 小时或 48 小时后移去测试物，分别在半小时、24 小时及 48 小时观察反应。如果受试处皮肤出现红斑、水肿、丘疹、水疱等现象则为阳性反应，提示受试者对该测试物过敏。

皮肤斑贴试验只适用于过敏性接触性皮炎，而不适用于因刺激物引起的接触性皮炎。切勿使用具有刺激作用的化妆品直接试验，以免引起刺激反应。试验时间不宜安排在皮炎急性期，应在皮炎消退后 1～2 周再进行，否则可能会引起较为严重或广泛性的反应。试验过程中，如受试处出现剧痒或灼痛，应立即移去测试物，并用清水洗净受试处皮肤，避免出现更严重的反应。观察结果时须做全面、仔细的分析，排除假阳性和假阴性反应。有鉴于此，试验最好在皮肤科医师指导下进行，以便正确操作，并予以科学评价。

另一种寻找致敏物的方法称为产品激发使用试验，系将患者提供的化妆品，按前述试验浓度，在肘窝或前臂屈面每日涂敷

2次,连续1周,观察有无反应。

【处理建议】

处理时应针对皮疹形态选用合适的外用药。对于仅表现为红斑、水肿、丘疹、水疱而无渗液的损害,可短期外用含有糖皮质激素的亲水性乳膏,每日1~2次;也可外用炉甘石洗剂涂搽患处,每日6~8次。

对于出现大量渗液且已糜烂的皮肤,可用3%硼酸溶液进行冷湿敷。方法是先以生理盐水棉球清洁创面,接着用镊子将4~6层重叠的纱布放入3%的硼酸溶液瓶中浸湿,取出,挤到不滴水为止,然后平伏地敷贴于患处,必要时可用绷带固定。根据渗液量的多少,每隔2~3小时调换湿纱布或滴加药液一次,使纱布保持一定湿度,但务必使紧贴创面的纱布保持干净。待皮疹干燥后,改用糖皮质激素乳膏进行治疗。

除局部用药外,可酌情口服抗组胺药物。常用的药物有依巴斯汀、西替利嗪、氯雷他定等,必要时可酌情短期口服泼尼松或地塞米松。这些治疗方法必须在专科医师指导下应用。

二、光敏性接触性皮炎

光敏性接触性皮炎是指因接触外源性光敏物并受到日光或紫外线照射后发生的皮肤炎症反应。因此,化妆品引起的光敏性接触性皮炎必须有两个因素参与:一是涂搽在皮肤上的化妆品内含有光敏物;二是皮肤接触光线(主要是日光)照射,吸收了一定能量和一定波长的光线(主要是中、长波紫外线)。

化妆品成分中常见的光敏物有香料、防晒剂、偶氮颜料等。其中香料主要为麝香龙涎油、檀香油、甲基香豆素、佛手柑香油和柠檬油等；防晒剂主要为对氨基苯甲酸及其酯类衍生物、二苯甲酮等；戏剧油彩中的偶氮颜料也具有光敏性。

由于几乎所有的化妆品都含有香料，而近年来为防日晒、抗衰老等，常将防晒剂添加到面部化妆品、喷发胶、染发剂、香水、香波和剃须清洁霜中，因此造成接触光敏剂的人数在不断增加，导致光敏性接触性皮炎的发病人数也随之增多。

光敏性接触性皮炎按光敏物性质及发病机理可分为光毒性接触性皮炎和光变应性接触性皮炎两类。前者由光毒物引起，接触者大多都会发病；后者由光变应原引起，接触者中仅少数人发病。近年来，由于严格规定了化妆品中不允许含有光毒物，因此化妆品导致的光敏性接触性皮炎主要由光变应原引起。

为便于区别，在此我们将两类皮炎分别介绍如下。

光毒性接触性皮炎的皮疹仅限于直接暴光部位，如面部、颈部、胸前"V"形区与上肢等处，以面部、特别是颧部最为突出，常于日光照射后数小时内发病。外观潮红、水肿，严重时出现水疱，边缘清晰，自觉灼热或灼痛；避免涂搽致病化妆品（多为不合格产品）与日光照射后，皮疹很快消退，但短期内局部可能尚有不同程度的色素沉着。

光变应性接触性皮炎主要发生于直接暴光部位，严重时可向周围扩展，累及未受光线照射的部位。初次发病常在涂搽光敏性化妆品几天、十几天或更长时间后；一旦过敏后再次涂搽，则一般在24小时内即发病。皮疹表现为潮红、水肿，有时在此基础上可见小丘疹或水疱，边缘不清晰，呈湿疹样病变并伴有不同程度的瘙痒。停用光敏性化妆品1～2周后，皮疹常能消退。少数人皮疹持续时间较长，可达数月之久。皮炎消退后一般无明显色素沉着。

【处理建议】

除参考接触性皮炎的处理方法外，应同时注意减少日晒，可采用撑遮阳伞、戴太阳帽（遮光帽）及涂防光剂等方法。

三、接触性唇炎

本病是指唇红部因涂搽唇膏（口红）、唇线笔等化妆品（少数因接触牙膏）所引起的局部刺激性、变应性或光敏性反应。

损害限于唇红部，有时唇红周围皮肤也可有接触性皮炎的表现。

接触性唇炎可分为急性和慢性两种类型。急性接触性唇炎表现为唇部红斑、水肿、水疱、糜烂和结痂，自觉瘙痒，或因糜烂、结痂而疼痛。症状一般在停止涂抹致病唇膏、唇线笔数天后明显减轻、消退。倘若发病后继续使用致病化妆品，唇炎则会反复发作，并逐渐由急性演变为慢性。慢性接触性唇炎表现为唇部干燥、脱屑、增厚，甚至皲裂、痛痒不适。个别慢性接触性唇炎可发展为白斑或疣状结节。

需要引起重视的是，慢性接触性唇炎还可能癌变，即发展为唇癌，尽管所占比例甚微。

【处理建议】

外用糖皮质激素膏霜，每日 2~3 次对接触性唇炎有效。长期不愈者应请皮肤科医师诊治。

四、接触性眼结膜炎

本病主要是指化妆品误入眼内所引起的机械性与化学性刺

激反应。

常见致病化妆品为眼线笔与睫毛油(膏)。眼线笔的用途是沿眼睑在睫毛根部画线以形成线状弧形薄膜。这种薄膜或耐水性差,遇汗、遇泪易于脱落;或黏附性较强,去除时需手工剥离或需借助于脱膜剂。若操作不当,有时脱落的眼线及所用的脱膜剂会误入眼部,引起眼部有异物感、流泪、结膜充血(俗称红眼睛)等症。涂描在睫毛上使睫毛显得浓而长的睫毛油(膏)也可能因使用不当而误入眼内,引起类似不良反应。

【处理建议】

涂膜误入眼内,一般用棉签揩除即可;滴眼药水也可立即冲去涂膜(注意:必须是不会引起患者过敏的眼药水)。

液态脱膜剂误入眼内,应立即拉开眼睑(一手将上睑向上牵拉,一手将下睑向下牵拉),将眼浸入盛有凉开水或清洁的自来水的盆内,或直接用自来水冲洗(注意:应避免水直接冲向眼球),以彻底去除化学物。

去除致病物后若仍有眼部不适,应请眼科医师进一步诊治。

五、接触性荨麻疹

本类型系指因接触(应用)化妆品诱发的以红斑、风团样皮疹为特征的病症。皮疹主要发生在面、颈等常使用化妆品的部位。风团样皮疹常在24小时内消退,但可出现此起彼伏情况。常伴有明显瘙痒。在停用化妆品后皮疹可明显减轻,并可逐渐停止发疹。

为明确发疹与之前所应用的化妆品是否存在因果联系,可做皮肤斑贴试验以协助寻找致病原因,即用可疑化妆品涂抹于正常皮肤区,15～30分钟后如出现红斑、水肿性红斑及风团样皮疹,即可确定。

【处理建议】

停用一切疑似致病化妆品,按一般荨麻疹对症治疗。

六、接触性皮肤瘙痒症

接触性皮肤瘙痒症是指因接触外源性化学物或其他物质引起的皮肤瘙痒而没有原发性皮肤损害。引起皮肤瘙痒的化妆品有油彩、膏霜类、乳剂、眉笔、洗发水、喷发胶和焗油膏等。

本病多限于直接接触部位。例如,由膏霜类护肤品所引起的主要发生于面、颈部;由眉笔所引起的则仅限于眉部;由洗发水和焗油膏所引起的则多限于头皮部位;而由喷发胶所引起的瘙痒症除头皮外,常波及额、颞、眼周与颈后。

本病主要症状是瘙痒,轻者偶可出现皮疹,重者由于搔抓可引起诸如抓痕、血痂、色泽加深,甚至皮肤增厚等。瘙痒常因停涂致病化妆品而缓解,继续涂搽而加剧;在盛夏多汗季节,瘙痒加剧。

【处理建议】

视瘙痒部位选择外用药,如头皮瘙痒,可外用铝涂剂、地丙醇或市售的止痒搽剂等;其他部位的瘙痒症可外用樟脑霜或含糖皮质激素的膏霜。瘙痒严重时,可口服抗组胺药物。

七、接触性痤疮

这里所谓的接触性痤疮专指因长期频繁使用油脂丰富的化妆品所诱发的痤疮样皮疹,实际上和一般痤疮一样,也是一种毛囊皮脂腺慢性炎症性疾患。通常好发于青年和中年人,尤以女性多见。

在青年和中年人群,体内性激素水平增高,促使皮脂腺分泌量增加。倘若产生的皮脂量过多,不能完全经毛囊口排出,就逐渐积聚在毛囊口内,毛囊本身在性激素作用下也因角化过度而导致毛囊壁上皮细胞增多。这两者——脱落的上皮细胞和皮脂混合在一起,堵塞毛囊口,就形成了粉刺。因此,凡皮脂分泌旺盛的人,也即所谓油性皮肤的人,如果经常以油脂丰富的化妆品涂搽面部皮肤,就更易因堵塞毛孔、影响皮脂排泄而诱发粉刺样皮疹;而皮脂分泌旺盛、原已患有粉刺的人,如果再频繁以油脂丰富的化妆品涂搽面部皮肤,就更会促使粉刺增多、病情加重。

油性化妆品通常只涂于面部,因此,由化妆品诱发的粉刺样皮疹也仅限于面部,又以颊、额、颏为好发部位,往往以毛囊性肤色或红色丘疹为主,而极少出现黑头和脓疱疹,这有别于好发于青年人的青春期粉刺(寻常痤疮)以及因职业关系接触石油类或氯化物等化学物引起的职业性粉刺。

由化妆品诱发的粉刺样皮疹形态与寻常痤疮相似。一般于连续涂搽油性化妆品 4~6 周后逐渐出现。如原患有痤疮者,其黑头粉刺、毛囊炎性丘疹可明显增多。皮疹常于停用油性化妆品 2~4 周后方可逐渐减轻。

【处理建议】

为减少皮脂分泌、去除皮表自身与外来的油脂,可用热水、肥皂洗脸,每日 1~2 次。肥皂宜选用碱性弱、刺激性小的,也可酌情选用含硫黄或硫化硒的清洁剂。

皮疹可外用 0.025%~0.1% 维生素 A 酸乳膏,通过使角质变薄，促使粉刺易于挤出或洗除；如有黑头，也可用环状粉刺挤压器挤出。一般忌用手挤压，以免接触细菌继发感染。特别是面部三角区（指双侧眼外角与口角的连线范围内区域）血管丰富，一旦被细菌感染，容易血行扩散，致颅内发生严重感染。

毛囊炎性皮疹一般可采用涂抹克林霉素凝胶、碘酒及热敷的方法，一日 2～3 次，坚持数日即可见效。也可选用 10% 的过氧化苯甲酰洗剂或 1% 的克林霉素溶液涂抹患处。

维生素 A 酸与过氧化苯甲酰对皮肤有轻度刺激，敷涂处可发生潮红脱屑现象，停药即可消退。

由化妆品诱发的粉刺样皮疹一般不必内服药物治疗，也无须使用甲硝唑（灭滴灵）类药物。

八、色素沉着及色素减退

面部化妆品选用不当，有时还可引起涂搽部位皮肤色泽加深。本病症发病率相对较高，占同期化妆品皮肤不良反应病例总数的 10%～15%，仅次于接触性皮炎。色素沉着部位与周围正常肤色反差较大，不同程度地影响美观，使患者产生较严重的精神负担，一定程度上会影响工作、生活与社交活动。

引起面部色素加深的化妆品中，最常见也最严重的是文艺工作者表演时使用的戏剧油彩，其次是某些膏霜类美容化妆品。其有害致病成分通常被认为是颜料、香料与劣质油脂。除一般接触过敏外，有些发病的原因还与光照等因素有一定关系。

由日常美容或护肤化妆品引起的色素沉着大多局限于直接涂搽的面颊部，又以眼睑、鼻根及颧颊部最为明显。皮损多呈片状，大小不一，边缘不太清晰。色泽则为不同程度的褐色，有时褐中略带暗红色。

色素沉着常因继续使用致病化妆品而加深,有时日光或人工光源照射也可加重病情;停妆一段时间后,色素沉着常可渐渐变淡。与接触性皮炎相比,本病病程相对较长,往往长达数月甚至数年。

值得注意的是,有些由化妆品引起的色素沉着不是一下子形成的,而是在发病前,面部涂抹化妆品的部位有接触性皮炎或光敏性接触性皮炎反复发作史。表现为皮肤潮红、水肿,有时有丘疹,甚至水肿伴有痒感或灼热不适。如此反复发作一段时间后,皮炎部位色泽逐渐加深,而痒感则大多随之减轻或缓解。

此外,另有一些人在色素沉着前并没有发生皮炎,其色素沉着是在不知不觉中逐渐形成的,以致初起时常被误作脸上的污秽未洗净;这种色素沉着除因化妆品使用不当引起外,其他原因尚在探索之中。

少数人用含有氢醌或苯酚类的化妆品、染发剂可出现色素减退甚至色素脱失改变,这是一种比较少见的表现。

【处理建议】

对色素沉着目前尚无特效疗法。常用的有 2%～5% 氢醌霜,每日外涂 2 次,有一定的脱色效果,但作用较为缓慢。该药物有时可引起皮肤过敏反应,一旦出现,应及时停用,并作相应处理。

内服药最常用的是维生素 C,主要通过还原作用,减少黑色素的形成;可以口服、静脉给药或用电离子导入法治疗。中药六味地黄丸亦有一定祛斑效果。

在日常饮食中,多吃些维生素 C 含量丰富的食物,如猕猴桃、鲜橘、柚子、鲜枣、山楂、樱桃、草莓和杨梅等,也有助于色素减淡。

九、毛发损伤

接触头发并可能损伤头发的化妆品主要为冷烫液和染发剂,此外还有洗发用品等。

冷烫液、染发剂、洗发用品(包括洗发香波、洗发精、肥皂等)都属碱性物质,具有去脂作用;经常使用,特别是用后未能及时洗净而留有残液时,会使头发干燥,逐渐失去光泽,严重时头发变得枯黄。

根据烫发原理,烫发过程中头发几乎不受损伤。但实际上冷烫液除了碱性作用外,在烫发过程中因化学反应生成的副产品或多或少地会影响头发的质量,使头发弹性减退,失去柔软性,易发生断发和脱发。

染发液中的氧化剂也会损伤头发,引起断发。

头发染色或脱色后不久(指几天内)马上烫发,也会引起断发。

护发素是用来保护头发的,但有报道认为在个别情况下,倘若护发素使用不当,也会使头发断裂。

十、指(趾)甲损伤

接触指(趾)甲的化妆品主要为指甲油、指甲油脱膜剂及洗涤剂等。

指甲油由皮膜形成剂、增塑剂、挥发性溶剂及色料组成。大多数指甲油对指(趾)甲无害。但有报道说,某种粉红色或玫瑰色指甲油可能会引起甲板黄染,这是由于指甲油中的染料透入甲板的缘故。停用指甲油后,色素可随着指(趾)甲的生长而逐渐消失。指甲油中有机溶剂占25%以上,如果长期涂用,也会对甲板造成损害。

指甲油脱膜剂以溶剂为主要成分(占90%以上),用于指甲油皮膜的溶解和脱除。尽管一般的脱膜剂在配方中已加入少量高级脂肪醇或油脂,但其在除去皮膜的同时,还是有可能将指甲的油脂成分和水分也去除掉了,因此经常涂用,可使指(趾)甲失去光泽并变脆。

长期频繁接触碱性肥皂,也可能会引起或加重指(趾)甲病变,如脆甲、反甲(匙形甲)、甲剥离及甲纵裂等。

发生化妆品引起的皮肤或黏膜不良反应后,最重要的是马上停用可疑致病的化妆品,然后再针对病情,请专科医师予以治疗或对症处理。特别是毛发或指(趾)甲损伤后的处理,目前尚无特殊的治疗方法,只有等待发、甲的新生。

(王侠生)

第十篇
损(毁)容皮肤病及其防治对策

可能影响头面部容貌和身心健康的常见的、重要的及特殊的皮肤病究竟有哪些？要怎么防？如何治？

本篇共整理病症60种，为便于读者查检，我们根据每一种病症的皮疹形态特征予以分类介绍。

一、以水肿性红斑、丘疹、疱疹或风团为主

对于此类皮肤病症，这里主要介绍以下13种：

日光皮性炎（晒斑）、多形性日光疹、接触性皮炎、湿疹、特应性皮炎、唇炎、血管性水肿、激素依赖性皮炎、药疹、酒性红斑、猩红热样红斑、昆虫叮咬伤、面部丹毒。

（一）日光性皮炎

日光性皮炎，又称晒斑，其实就是我们平时生活中所说的晒伤。它是由强烈日光照射引起的一种急性损伤性皮肤反应。日光性皮炎常常发生在初夏时皮肤被晒黑之前，被暴晒的皮肤会

出现红斑、水肿甚至水疱,触碰皮损处会有痛感。

如果您喜欢在烈日下晒太阳,又没有涂防晒霜的习惯,那您很可能亲身经历过日光性皮炎的临床表现。一般皮肤在暴露于强烈日光后半小时左右会出现红斑,数小时内逐渐呈现为猩红色,并出现明显的水肿,严重者可以形成水疱。在体验方面,患者一般会先感受到局部发烫甚至烧灼感,继而皮肤产生牵引时的灼痛,严重者往往疼痛难忍,不能安睡。红斑一般在 12~24 小时内达到高峰,并在 48 小时之后缓解,继而出现皮肤脱屑。晒伤严重的患者还可以出现寒战、发热、恶心、心动过速,甚至中暑、休克等全身症状,但一般可在 7~10 天内恢复。经历了上述急性期反应后,皮肤逐渐出现色素沉着,颜色变深。

日光性皮炎是一种光毒性反应,易发于肤色较浅的人群。长期室内工作、缺乏光照机会的人突然长期暴露于较强的日光下时也容易发生。其实,并不是阳光中的所有成分都会导致晒伤,晒伤的罪魁祸首是日光中小部分波长为 290~320 nm 的中波紫外线(UVB),这部分紫外线也被称为晒斑光谱。晒斑光谱除了通过日光直射于皮肤外,还有约一半通过大气层的散射而作用于皮肤。因此,即使是雾天也可能发生日光性皮炎。皮肤在受到大量中波紫外线照射后,会产生很多导致红斑炎症的化学介质,包括前列腺素、组胺、血清素、激肽和一氧化氮等。目前的研究认为,前列腺素在日光性皮炎的发生中起到了重要的作用。中波紫外线照射可以促进皮肤中前列腺素的生物合成,特别是前列腺素 E_1,它能够激发皮肤炎症,产生红斑、水肿等皮炎的表现。

日光性皮炎的诊断相对简单,主要依靠典型的临床表现和强烈的日光暴露史,但在诊断时需要注意晒伤反应的发生时间。如果在日晒后短时间内(5~30分钟)就发生了晒伤反应,则需要考虑是否接触过光敏物质。此外,红细胞生成性原卟啉症、着色性干皮病、红斑狼疮、病毒性红斑等疾病也可以表现为光照后的晒伤反应,诊断时应注意鉴别。如果考虑可能有这些疾病,可通过红细胞荧光检查、红细胞原卟啉水平、抗核抗体及皮肤活检等检查来协助鉴别。

【怎么防】

日光性皮炎是完全可以通过预防措施来避免的,预防远比治疗更加重要。预防日光性皮炎的关键在于减少阳光暴露和增强对日光的耐受性。减少阳光暴露可以从多个方面着手,如使用遮光剂(也就是平时我们说的防晒霜)、穿着长袖衣物、避免在阳光强烈的时段(通常是上午10点到下午4点)晒太阳。在紫外线照射前至少一周开始口服自由基清除剂,如维生素C和维生素E,也可以减轻晒伤的程度。经常参加室外活动来增强皮肤对光线的耐受性是预防晒伤发生的关键;对日光耐受性较差的人(如浅肤色的人或长期在室内工作的人),可以采取逐渐暴露于日光下的方法。

【如何治】

如果已经发生了日光性皮炎,可以通过局部外用药物来减轻皮肤炎症与疼痛,帮助皮肤尽快修复。一般的晒伤只需要外涂炉甘石洗剂,严重的患者在局部用冰牛奶湿敷,可以起到明显的缓解作用。外用糖皮质激素乳膏对局部的红肿热痛有良好的缓解作用,但不宜大面积使用。在日晒后6小时内应用抑制前列腺素合成的药物,如阿司匹林,可以减轻晒伤反应。严重的广泛性日光性皮炎或有全身症状者,可以口服抗组胺药物和少量镇静剂,并给予补液及其他对症处理。

(赖扬帆 马 英)

(二) 多形性日光疹

多形性日光疹是一种常见的、特发的、获得性、急性间歇性发病的迟发性皮肤过敏反应,其特征是在皮肤暴露于阳光后出现瘙痒、红斑、丘疹和水疱等不同形态的皮疹。这种疾病在人群中相对常见,尤其在年轻女性中更为普遍。

顾名思义,多形性日光疹的表现形式多种多样,其中小丘疹型和丘疱疹型较为常见,可发展为湿疹样、苔藓样变。它也可以表现为大丘疹型和红斑水肿型。一般一个患者在发病时以单一形态为主,并且每次发作都会保持同样的类型。皮疹通常在阳光照射后几个小时至一天内出现,持续时间可长达数天,反复发作数月乃至数年。皮疹可以见于皮肤的任何裸露部位,但最常见于面颈部。在分布上,皮疹附近同样暴露的皮肤区域常完全正常而不受累,皮疹多呈小片状而不融合,这是多形性日光疹相对特别的临床表现。

多形性日光疹的发病机制尚未完全探明,但可以确定的是,日光是造成绝大多数多形性日光疹发病最直接的因素,其中波长为290～320 nm的中波紫外线(UVB)起主要作用。与日光性皮炎不同的是,近年来的研究发现长波紫外线(UVA)也可能在多形性日光疹的发病中起重要作用;因此,一般认为此病有较宽的作用光谱,即290～480 nm。在作用光谱下,具有各种易感因素的患者皮肤会被激发。研究表明,正常人的皮肤在照射中波紫外线后会产生免疫抑制作用,表现为淋巴细胞移出皮肤组织。而在作用光谱下,患者的皮肤会产生不完全的免疫抑制,表现为淋巴细胞移出减少和中性粒细胞增加,白介素等早期促炎症细胞因子显著升高。这种免疫抑制抵抗的作用,可能导致患者对中波紫外线的过敏反应。

由于多形性日光疹有多种表现,并且这些表现与其他许多疾病都有相似之处,单单依靠临床表现进行诊断比较困难。如果怀疑患者有多形性日光疹的可能性,最重要的是询问患者的发病是否与日光、季节有明确的关系,暴露部位是否呈小片状的典型分布。皮肤组织活检、最小红斑量测定,特别是光激发试验阳性也有助于诊断。在诊断时,还需要注意与慢性光化性皮炎、接触性皮炎、红斑狼疮等疾病进行鉴别,在排除了其他可能性后,再明确诊断。其中,慢性光化性皮炎的急性光敏反应表现与多形性日光疹十分相似,鉴别点主要是前者在非曝光区也可有皮疹,皮疹持续时间较长,同时光敏试验显示皮肤对中长波紫外线异常敏感,光激发试验和光斑贴试验可呈阳性反应。

【怎么防】

日晒是诱发多形性日光疹的主要因素,因此,做好防晒对于预防多形性日光疹必不可少。减少日晒、在皮肤裸露的部位涂抹防晒霜是控制症状、预防复发最主要的措施。同时,患者也可以让皮肤逐步增加日晒量、口服维生素 B_6 和烟酰胺来增强对日光照射的耐受性。如果病情特别顽固,还可以应用光硬化疗法进行治疗,也就是在不激发多形性日光疹的前提下,主动给予患者小剂量、多次的紫外线照射,提高患者皮肤对紫外线的耐受性。

【如何治】

对于多形性日光疹,防重于治,通过各种预防手段从根本上减少皮损的发生才是治疗多形性日光疹最好的办法。但如果患者已经出现了皮损,可以按照患者的疾病类型对症处理,一般外用糖皮质激素的效果较好。需要注意的是,用药时需避免使用焦油等具有潜在光敏性质的物质,以免加重患者的光敏反应。对于症状明显、反复发作的患者,可以使用免疫抑制剂如羟氯喹抑制皮肤的光过敏反应,它对小丘疹型和大丘疹型多形性日光疹有较为明显的效果。口服对氨基苯甲酸或β-胡萝卜素在临床上也对部分患者有较好疗效,且无明显副作用,值得尝试。

(赖扬帆　马　英)

(三) 接触性皮炎

接触性皮炎是最常见的一种皮肤炎症,很多时候人们就将其简化称为"皮肤过敏",但接触性皮炎并非这么简单。

顾名思义,接触性皮炎是由于皮肤、黏膜接触某些外界物质而发生的炎症反应。接触性皮炎的临床特点为接触部位发生边缘鲜明的皮疹,形态比较一致,轻者为水肿性红斑,较重者有丘疹、水疱甚至大疱,更重者则可有表皮松解甚至坏死。发作时常自觉瘙痒或灼痛,根据接触史和皮疹形态,一般诊断较易。如能及早去除接触物并作适当处理,可以很快康复,否则可能转化为湿疹样皮炎。

能引起接触性皮炎的物质很多,按接触物的性质主要分为化学类、植物类、动物类,其中以化学类最为常见。

化学类物质种类繁多,常见的有:① 化妆品:香料、染发剂、防光剂、除汗剂、指甲油等,染发剂引起的皮炎较多;② 外用药物:局部应用类药物引起皮炎较多,如磺胺类、新霉素等抗生素类、清凉油、防腐剂、抗氧化剂及某些外用中草药等;③ 金属及其制品:通常在复合制剂中发挥作用,如镍、铬、锌等;④ 杀虫剂及除臭剂:如硝基酚、水银制剂和氨基甲酸酯等;⑤ 各种化工原料:如汽油、机油、油漆、染料、合成树脂、甲醛、聚乙烯和各种合成橡胶等。

动物类多由于动物毒素引起,昆虫类常见,包括隐翅虫、臭虫、跳蚤、蚊等,也可由虫体毒毛引起,如桑毛虫、松毛虫等。

植物类包括漆树、荨麻、野葛、番茄、除虫菊、银杏等植物的花、叶和种子等。

接触性皮炎的发病机制尚未明确,根据临床表现可分为刺激性接触性皮炎、变应性接触性皮炎、速发型接触性反应和系统性接触性皮炎以及光敏性皮炎。

原发性刺激性接触性皮炎是接触性皮炎最为常见的类型,约占病例的 80%。急性刺激性皮炎多由强原发性刺激物如强酸、强碱等引起,皮损的严重程度与刺激物的刺激强度、浓度、接触部位、处理时间相关,症状以局部灼热、刺激、疼痛为主;而慢性累积性皮炎则是由于较弱的原发刺激物持续反复接触某一部位皮肤,接触弱刺激物就易复发。

变应性接触性皮炎表现为初次接触变应原后 $4\sim25$ 天发病,平均 $7\sim8$ 天的潜伏期;而再次接触发病只需要 $1\sim2$ 天。皮损形态可根据病因和接触方式的不同而呈现多样化,从轻度的红斑到显著的红斑、丘疹、水疱、大疱、糜烂以及严重坏死均可发生,但在同一患者身上的某一阶段往往是一致的。

速发型接触性反应在接触致敏物的数分钟到1小时内发病,数小时后消退,包括接触性荨麻疹、蛋白质接触性皮炎等。

光接触性皮炎指接触光敏剂后出现的光毒性或光变应性接触性皮炎。

系统性接触性皮炎是暴露于变应原后,变应原经皮肤、皮下、注射、口服、吸入等多途径到达体内,经循环到达远处的皮肤和其他组织,这一类接触性皮炎有较广的皮损谱、无特征性,可出现泛发性皮疹并引起系统性反应,如头痛、乏力、发热、关节痛、恶心、呕吐、腹泻等。

接触性皮炎发生的部位不同,需要与其相鉴别的疾病也不相同。接触性皮炎常需与急性湿疹进行鉴别,通过病因、接触史、临床症状以及斑贴试验等常能进行鉴别;光接触性皮炎则应与晒斑、多形性日光疹进行鉴别。

颜面再发性皮炎常需与发生在面部的接触性皮炎进行鉴别。颜面再发性皮炎多发于春秋季,20~40岁女性常见,发病突然,临床表现为主要起于眼周,可逐渐扩散至面颈部,以淡红色斑片为主,边缘不清,有少量鳞屑。病因尚不明确,发病通常与患者为过敏体质并接触到致敏原,如温度和湿度的变化、花粉、尘埃、光刺激等相关,因此,诊断主要通过典型临床症状加以明确。

【怎么防】

由于接触性皮炎通常发病突然,局限于暴露部位,皮疹边界鲜明,患者有阳性接触史,且去除病因后好转,但再次暴露后复发,不难诊断与治疗,因此,预防具有更为重要的意义。

虽然避开所有致敏因子存在难度,但大多数的接触物是明确可知的,因此大家平时应提高警惕,避免接触致敏物质。比如化妆品可以选择单纯的水包油乳膏,不加香料和其他物质等。再者对患者进行关于疾病机制的教育起着重要的作用,比如向患者说清反应阈值和发病时间过程等。此外,职业性接触性皮炎的管理包括改善工作场所的通风和使用个人防护设备。对于一些患有严重和持续的职业性接触性皮炎的人来说,调换工作环境可能是唯一的选择。未来针对高危人群的筛查,也可减轻接触性皮炎诊治的负担。

【如何治】

本病的治疗原则是寻找病因,迅速脱离接触物并积极对症处理。

检查通常是应用斑贴试验来发现、确定致敏原,从而避免再刺激。斑贴试验是通过在皮肤上涂抹和贴敷稀释后的多种变应原,48~96小时后观察接触变应原的皮肤是否发生红斑、水疱等皮炎反应,判断变应原是否对个体造成刺激或者过敏反应。斑贴试验也就成为接触性皮炎诊断的金标准。

患部进行局部清洁并根据具体情况做相应的外用治疗处理,如皮炎只有红肿或一些丘疱疹,而无破损面或溢液、化脓,可外用含有1%~2%樟脑和1%薄荷脑的炉甘石洗剂或5%樟脑和(或)5%薄荷脑粉剂,每日搽5~6次以上。伴大量渗液糜烂时,必须用3%硼酸溶液或醋酸铝溶液进行湿敷;如有继发感染,则可用雷琐辛-利凡诺溶液、0.5%新霉素溶液或高锰酸钾溶液(1∶5 000)浸泡或湿敷。经过湿敷后,皮损可能很快干燥,即可改用糖皮质激素类乳膏或其他安抚止痒剂。系统治疗包括口服抗组胺制剂,常用镇静作用不明显的第二代抗组胺药物;病情严重者可用糖皮质激素,如泼尼松等,症状缓解后逐渐减量至停药;并发感染时可加用抗感染药等。

(陈 槿 马 英)

(四) 湿疹

您是否遇到过不经意间出现在皮肤上的小水疱,并感觉瘙痒难忍?那可能就是湿疹,又称湿疹样皮炎,指的是一类原因复杂不明、具有水疱等相似临床表现的炎症性皮肤病。湿疹是生活中最常见的皮肤病之一,在我国人群中发病率约为3%～5%,在儿童中更为常见,可达10%～20%。

湿疹的英语"eczema"一词源于希腊语,有"沸腾"的意思,也和中文里的"湿"有相近之处,形象地描述了湿疹皮损常伴有小水疱、易渗出的特点。除此之外,瘙痒也是湿疹最典型的表现之一。湿疹的具体表现有多种,多发生于暴露较多的部位,如头、面、耳、四肢和外阴部位。根据其临床表现,可以将其分为急性湿疹、亚急性湿疹和慢性湿疹。急性湿疹发病迅速,可有多种表现,一开始表现为红斑、水肿,表面可以看到密集的丘疹、水疱,水疱破后出现点状糜烂、渗出、结痂,可融合成片。如果已破损的皮肤出现感染,还可以形成脓疱或脓性分泌物。亚急性湿疹与急性湿疹相比有着较轻的炎症反应,但会出现少量痂屑,这一阶段的湿疹又被称为湿疹样皮炎。而慢性湿疹则主要表现为皮肤肥厚和苔藓样变,常常由急性或亚急性湿疹反复发作转变而来。

湿疹的病因复杂,往往是多种内外因素相互作用的结果。过敏体质、神经精神因素、内分泌代谢异常、胃肠道功能异常、感染病灶等都可能是湿疹诱发或加重的内在原因。常见的外因则包括各种过敏原（如药物、食品、花粉）、理化刺激因素、紫外线、微生物感染、气候干燥或潮湿、大气及水源污染因素等。因此，如果您在换季、遇到较大工作压力或者是晒太阳之后，身上出现了瘙痒的红斑与水疱，很有可能是湿疹发作。

湿疹通常是通过患者的病史和皮肤检查来诊断的。如果皮肤上出现了对称性红斑、丘疹、水疱，因瘙痒而抓挠不止，从而导致糜烂和渗出，那么就应该考虑是湿疹。详细询问症状、发病情况和家族史对于确定诊断非常重要。医生会观察皮肤的外观，注意皮疹的形态和分布，并与急性接触性皮炎、神经性皮炎等有相似症状的疾病进行区分。有时，医生还需要进行过敏原测试、皮肤刮片检查或血液检查来进一步明确诊断，寻找可能的诱发因素。湿疹患者的血常规结果可能会出现外周血嗜酸性粒细胞轻度至中度增加，而皮肤斑贴过筛试验有助于寻找诱发或加重病情的因素。

【怎么防】

湿疹常常反复发作，令人不胜其烦，目前还没有确切的预防方法，但有些措施可以减少发病的可能性。预防湿疹的关键在于找到并避免接触可能的诱发、加重因素，如摩擦、化学刺激、花粉和宠物毛发等。保持皮肤清洁和湿润也是一个重要的预防措施。此外，养成健康、规律的生活习惯，保持愉快、放松的心情对于减少湿疹的发作也有一定的帮助。

【如何治】

去除可能诱因、避免刺激因素、保持皮肤湿润、改变生活习惯同样是治疗湿疹的有效手段。用药方面，糖皮质激素是公认的非感染性皮炎湿疹类皮肤病的首选外用药,能够迅速缓解湿疹的症状,减轻皮肤瘙痒和红肿。对于严重的湿疹,医生会根据患者的皮损情况选择不同的治疗方法,例如渗出明显的急性湿疹宜用硼酸溶液或生理盐水湿敷,慢性湿疹则以应用乳膏或软膏为主,具体会根据患者的情况加以调整。在外用药物的基础上,还可以内服抗组胺药物,如扑尔敏、氯雷他定等,来减轻患者的瘙痒。对于瘙痒剧烈、影响睡眠的患者还可以服用地西泮等镇静药物。对于病情严重、常规治疗无效的患者可短期口服或静脉滴注糖皮质激素以控制病情。中成药在治疗湿疹方面也有独特的疗效,常用的外用药如丹参酚软膏、参柏洗液、除湿止痒软膏等;内服药如参苓白术散、四妙丸等,对于缓解部分患者症状有很大帮助。

(赖扬帆　马　英)

(五) 特应性皮炎

特应性皮炎,又称为特应性湿疹或遗传过敏性湿疹,常与普通湿疹相混淆。特应性皮炎是指与遗传相关,与过敏有密切联系,易伴发哮喘、过敏性鼻炎的一种慢性复发性、瘙痒性、炎症性皮肤病。

特应性皮炎有着多种多样的临床表现,但最基本的临床症状包括皮肤红斑、剧烈瘙痒和慢性反复发作的皮疹。特应性皮炎一般发病较早,90%左右的患者会在5岁以前发病。根据皮疹发生、发展的特点,通常可分为3个阶段,即婴儿期、儿童期和青少年成人期,可以相继发展或仅有其中一两个阶段。婴儿期患儿在2岁以内发病,皮损常见于两颊和额部,也可累及躯干、四肢。开始时表现为急性的红斑、丘疹,随后出现明显水肿,可融合成片,形成水疱、糜烂、渗出、结痂,伴随的瘙痒会引起患儿的搔抓哭闹,但患儿的健康状况一般正常。在经历一段时间的急性发作后,红肿会逐渐消退,渗出减少,皮损处逐渐变得干燥,不再形成厚痂,而变成薄痂或鳞屑,从而进入慢性期。部分患者在1～2岁时痊愈,部分则继续发展至儿童期。儿童期的患者年龄在2～12岁,表现为皮肤干燥脱屑,呈红斑、丘疹、水疱、结痂,长期可形成苔藓样变。发病时大于12岁则称为青少年成人期,症状与儿童期后阶段皮损相似。儿童期和青少年、成人期的皮损都可以在急性、亚急性和慢性期之间转换。严重的特应性皮炎会出现全身泛发性皮损,呈湿疹性肥厚和苔藓样变。除皮疹外,患者还经常有支气管哮喘、过敏性鼻炎等遗传过敏性疾病史或家族史。

特应性皮炎的病因也比较复杂,目前认为它与遗传因素和环境因素相关,特点是具有明显的皮肤屏障功能障碍及免疫调节异常。约有70%的特应性皮炎患者具有家族遗传过敏史,患者自身也常常伴发此类疾病。近年来的研究发现,特应性皮炎发病相关的易感区域位于染色体1q21,其中中间丝蛋白是发病的关键分子。这一区域的基因突变可能会导致患者表皮内保水分子神经内酰胺减少、皮肤表面酸碱度改变、蛋白酶过度表达、屏障相关蛋白如中间丝蛋白表达和结构异常。这些因素会使得特应性皮炎患者皮肤上的水分丢失显著增加,造成干皮症以及皮肤屏障功能异常。在此基础上,多种大分子物质如过敏原、微生物的抗原能更轻易地穿透表皮,诱发免疫反应。除此之外,特应性皮炎患者的免疫功能本身也往往存在异常。免疫反应可以分为天然免疫和适应性免疫,分别是与生俱来以及后天逐渐形成的。研究发现特应性皮炎患者的天然免疫功能下降,表现出易感染的倾向;而适应性免疫方面则存在各类免疫细胞与炎症因子的调节失衡,容易诱发皮肤炎症反应。近年来的研究发现,Th2(Ⅱ型辅助 T 细胞)主导的Ⅱ型炎症反应在特应性皮炎的发病过程中占据主要地位,它可以分泌白介素-4(IL-4)、白介素-5(IL-5)、白介素-13(IL-13)等细胞因子,为靶向细胞和分子的生物制剂研发提供了思路。这些因素共同导致了特应性皮炎的发病。

目前,特应性皮炎仍缺乏特异性的实验室诊断依据,但一些检查仍对其诊断有着一定的参考价值。特应性皮炎患者的外周血检查常能发现嗜酸粒细胞的明显增高、T 淋巴细胞数量减少、B 淋巴细胞数量增加、血清 IgE(免疫球蛋白 E)明显增高。皮试能够发现速发型皮试反应阳性、迟发性过敏试验低下。皮肤白色划痕试验、组胺试验等病理生理性皮试也有比较大的诊断意义。

特应性皮炎的诊断比较复杂,目前国际公认的诊断"金标准"为 1980 年提出,它主要通过临床特征来进行诊断,需要患者的症状满足 4 个主要特征中的 3 个以及 23 个次要特征中的 3 个。主要特征包括瘙痒、典型的皮疹形态和分布、慢性或慢性复发性皮炎、个人或家族遗传过敏史。次要特征则包括干皮症、血清 IgE 升高等表现。随着对特应性皮炎研究的深入,研究人员也提出了许多新的诊断标准,如我国学者提出的中国标准,对原先的标准进行了简化,同时也提高了诊断的敏感性和特异性,在临床上得到了广泛应用。在进行诊断时,还需与湿疹、脂溢性皮炎、疥疮等疾病进行鉴别,尤其是湿疹,其皮损与特应性皮炎并无显著差异,主要鉴别点在于有无遗传过敏史。

【怎么防】

如果能够明确病因或诱发因素,那么避免接触这些因素是预防特应性皮炎最有效的措施。即使没能明确病因或诱发因素,减少一些常见刺激因素的接触也对预防特应性皮炎发作有着很重要的意义,具体措施包括:保持良好的精神状况,控制饮食,减少可能造成过敏的食物的摄入,保持皮肤清洁、湿润,保持环境整洁,减少病毒性感染。研究表明,特应性皮炎患者在精神压力较大时症状容易复发,因此保持良好的精神状况十分重要。在饮食方面,海鲜、牛羊肉、虾蟹、鸡蛋和牛奶以及辛辣刺激物等食品较容易诱发免疫反应,如果患者发现病情变化与进食此类食物有关,应注意控制摄入。为保持皮肤清洁,可以用温水洗澡,洗澡时间不宜过长,水温不宜过高,尽量少用肥皂、沐浴露,避免过度清洁皮肤,诱发病情发作。为保持皮肤湿润,可以用尿素软膏、凡士林或一些不含刺激成分的身体乳,减少对皮肤的刺激,这也是特应性皮炎的基础治疗手段之一。保持环境清洁、减少病毒性感染也可以减少接触未知刺激因素的可能性。对过敏原有显著反应的患者,还可以试用脱敏疗法。尘螨是特应性皮炎重要的吸入性过敏原。临床上运用螨浸液皮下注射和尘螨滴剂口含的方法对尘螨过敏的患者进行脱敏治疗,取得了较好的疗效,尤其是对伴有呼吸道过敏症状的患者。

【如何治】

由于特应性皮炎在不同患者身上存在较大的个体差异,因此治疗方法也需要医生根据患者情况进行调整。外用药物方面,糖皮质激素是特应性皮炎治疗的一线药物,主要用于缓解皮损症状。外用的滋润保湿剂也是特应性皮炎治疗中不可或缺的一环。除此之外,还可以根据患者情况,外用止痒抗炎药如樟脑乳膏、免疫抑制剂如他克莫司等。系统治疗方面,西替利嗪、氯雷他定等抗组胺药物可以有效缓解患者的瘙痒,同时还具有镇静、抗炎等作用,是最常用的一类制剂。对于中、重度的患者,常联合使用白三烯受体拮抗剂如孟鲁司特等。环孢素 A 等免疫抑制剂一般仅用于严重、难治的患者,但在治疗时应注意检测骨髓抑制等不良反应。根据患者情况,还可以结合应用中药、组胺球蛋白、糖皮质激素、免疫抑制剂等药物。近年来,针对特应性皮炎的细胞和分子靶向治疗药物迅速发展,如靶向 IL-4 和 IL-13 的度普利尤单抗,可以有效地控制病情,且副作用较少,在临床上已得到了广泛的应用。此外,对变应原有显著反应的患者,脱敏治疗有较好的疗效。紫外线照射可改善特应性皮炎患者的瘙痒和皮肤炎症,也可用于常规疗效较差、有明显苔藓样变皮损的患者。尽管目前尚没有完全根治特应性皮炎的方法,但合理应用这些治疗手段能够达到长期缓解症状、提高生活质量的效果。

(赖扬帆　马　英)

(六) 唇炎

唇炎是发生在唇红黏膜部位的炎性疾病的总称。唇炎的病因纷繁复杂,临床表现多样,且不同唇炎的体征可有重叠,病理表现时常不具备特异性。目前国际上仍缺乏公认的分类标准,常见的唇炎包括单纯性唇炎、接触性唇炎、光化性唇炎、腺性唇炎、剥脱性唇炎、浆细胞性唇炎和肉芽肿性唇炎等。

唇炎可影响面部美观,对患者身心都会造成影响,这里让我们一起了解几种常见的有特征性的唇炎。

单纯性唇炎 是唇炎最常见的亚型之一,主要是由于爱舔嘴唇等不良习惯以及天气因素影响而引起。表现为嘴唇干裂或脱屑,通常发生在下唇。

接触性唇炎 指接触外界物质后发生的局部刺激性、变应性反应。常见的接触原有化妆品,芒果、柑橘等食物以及金属等,皮损与接触面积大体一致,以红肿、水疱及糜烂、结痂为主要特征,停止接触后症状减轻,再接触后易复发。

光化性唇炎 是长期紫外线暴露引发的一种炎症性疾患。发病具有明显季节因素,症状轻重与日光照射时间长短成正比,损害多发生于下唇部,呈肿胀、起疱、糜烂、结痂或干燥、脱屑等湿疹样改变。

腺性唇炎 是一种病因不明的罕见的唇部慢性炎性疾病,有 18%～35% 的癌变率。可能的病因包括先天性疾病、吸烟、口腔卫生差、长期暴露于阳光、风、烟草等环境下,以及细菌感染。临床表现为小唾液腺发炎,唇部肿胀,唇红缘及唇部内侧有肥厚的黏液腺及其分泌的黏液,腺体导管开口扩张,有时可触及肥大腺体形成的小结节。

剥脱性唇炎 常发生于有焦虑症状的年轻女性,存在咬唇、吮吸等不良习惯或接触具有致敏性的物质,如含药物漱口水、含致敏物的唇膏、牙膏等,临床表现为唇红缘的持续性脱屑或结痂,多起自下唇中部,病程可持续数月至数年。

浆细胞性唇炎 病因不明,常被认为是病理性刺激后发生的免疫反应。多呈慢性病程,持续存在。临床上表现为唇部局限性扁平至轻微隆起的侵蚀区,或唇黏膜伴微小硬结、有漆样光泽的红斑,易糜烂、结痂或水肿浸润。

肉芽肿性唇炎 是唇部的突发性弥漫性实质性肿胀,周期性发作,缓解期不完全消退。患处边界清晰,呈正常肤色或紫红,严重时唇黏膜可见白色小颗粒物,无全身症状。该病与多种病症具有共同特征,其中最主要的是梅-罗(Melkersson-Rosenthal)综合征,即嘴唇肿胀、面神经麻痹和舌面裂开或起皱纹的三联症。本病好发于上唇,终至永久性巨唇。

另有文献报道了口服异维 A 酸后出现的唇炎的不良反应,主要临床表现为唇部干燥、脱屑。服用阿维 A 胶囊也可能会出现类似症状。

此外,嘴唇也可能因其他皮肤病而受到影响。诸如多形性红斑、特应性皮炎、单纯疱疹和中毒性表皮坏死松解症等,通常会导致唇部糜烂和结痂的形成。

诊断首先应全面了解病史。包括患者有无暴露于特殊环境(如过度的紫外线刺激)、既往用药史、可疑过敏原接触史、是否有咬唇或其他不良习惯或自伤行为等。

对患者的口腔、皮肤和其他黏膜进行全面检查,一些唇部病变需要活检,如慢性光化性唇炎需考虑是否存在癌变、肉芽肿性唇炎用于确认诊断等。根据鉴别诊断的需要,还可进行针对性的实验室检查(包括微生物培养)。

最后,综合病史、临床表现、实验室检查和病理检查的结果进行诊断。

【怎么防】

唇炎的预防是关键,首先应均衡营养,补充维生素,少食辛辣刺激食物;此外,应养成良好的生活习惯,保持唇部清洁和口腔卫生;最重要的是,应尽量避免外界刺激,减少唇部化妆品、某些药物的使用,外出做好唇部防晒等。

【如何治】

发生唇炎后首先应避免接触过敏原,去除各种致病因素。

其次是可以应用药物和物理治疗。糖皮质激素可被用于抗炎,从而减轻患者症状;抗组胺药物,如依巴斯汀、西替利嗪等,也可通过抑制过敏反应来减轻唇部炎性病变;抗真菌药与抗生素被用于控制感染;5-氟尿嘧啶及化学剥离、冷冻疗法等物理疗法也已被应用于光化性唇炎的治疗;肉芽肿性唇炎与腺性唇炎除口服糖皮质激素外,还可采用局部、病灶内注射给药,必要时考虑手术治疗。

治疗唇炎是个持久战,但只要以足够的耐心应对,就一定可以战胜唇炎!

(陈 槿 马 英)

(七) 血管性水肿

水肿是一种常见症状,可对患者的生活造成很大影响。血管性水肿是指发生在皮下组织较稀松部位的水肿或者黏膜的局限性水肿,可分为获得性和遗传性两种,这两种血管性水肿大为不同。严重的血管性水肿甚至可以导致窒息和死亡。由于水肿的发作难以预防,不仅会增加患者的经济负担,还会给患者带来精神负担,因此,需要引起大家的关注。

获得性血管性水肿的发病机制与荨麻疹相似,常发生于过敏体质个体,由缓激肽和/或肥大细胞介质介导引起。由于病因不明,易复发,轻度创伤、病毒或细菌感染、感冒、怀孕、某些食物或情绪压力都是常见诱因。血管性水肿发生在真皮层和其下的皮下组织,因此,它会引起更深的、全身性的肿胀,往往比荨麻疹持续的时间更长,持续数小时至数日后可自行消退,消退后不留痕迹。临床常见于面部、嘴唇、舌头、四肢和生殖器等皮肤松弛区域。

遗传性血管性水肿是一种常染色体显性疾病,通常由于 C_1 抑制物的缺陷,导致缓激肽的过量产生,并影响所有器官系统。患者主要表现为面部或一侧肢体的局限性皮下水肿并伴发暂时性匍行性、环状或网状红斑。

血管性水肿如果超出了四肢、面部或躯干,则可能引起更为严重的后果。如累及喉黏膜,严重时甚至可以导致呼吸困难乃至窒息;累及大脑时出现大脑水肿,常引起中枢神经系统症状;累及胃肠道时可引起剧烈呕吐、上腹部剧痛。

血管性水肿的诊断主要是通过临床症状,病史与体格检查也是重要的诊断依据。病史采集包括询问患者有无异常暴露活动、有无进食或摄入特定物质;患者的用药史,比如非甾体类抗炎药、血管紧张素转化酶抑制剂、血管紧张素 II 受体阻滞剂等;患者过去是否出现过类似症状;患者家属是否有类似症状等,以识别遗传性血管性水肿。

多数血管性水肿患者的常规实验室检查结果正常,实验室检查多被用于确认致病性变态反应或补体疾病。怀疑由变应原引起时,可进行过敏原检查;全身性过敏反应发作后测定血清总类胰蛋白酶水平,可能有助于确认其为肥大细胞介导。对于病因不明、早年起病、反复发作并且家族中有类似疾病发作史的患者，建议及时完善 C_1 酯酶抑制物及基因筛查等实验室检查。

【怎么防】

缓解期的预防治疗主要包括短期预防和长期预防，具体用药剂量视患者而定。短期预防用以避免一次即将可能诱发的急性水肿，目前国内推荐的方法是在诱发因素发生前 5 天给予达那唑或者氨甲环酸，持续使用至诱发因素终止后 2 天。长期预防可减少遗传性血管性水肿对日常生活的影响，防止致命性水肿的发生。常见药物包括拉那利尤单抗、C_1 酯酶抑制剂，弱化雄性激素的药物如达那唑、司坦唑醇等，以及其他抗纤溶制剂。

【如何治】

只要血管性水肿接近或累及喉部、口腔、软腭或舌，就需立即评估并持续保护气道，病程中密切监测气道通畅，必要时需进行气管插管。

获得性血管性水肿的治疗首选抗组胺药物如西替利嗪、氯雷他定、苯海拉明等来缓解症状，必要时用糖皮质激素控制病情，消除皮损。此外，过敏体质患者往往合并有其他过敏性疾病，对于这些患者，应积极去除诱发因素，合理治疗，减少过敏的反复发作。

但由于传统的糖皮质激素、抗组胺药物、肾上腺素对于治疗遗传性血管性水肿无效，该型水肿的治疗主要包括发作期的急性治疗和缓解期的预防治疗。目前常见的急性治疗为应用新鲜冷冻血浆，可用于缓解皮肤水肿、喉头水肿及胃肠绞痛等。急性发作时，通过给予 2~3 U 新鲜冷冻血浆，约 30 分钟到数小时后，水肿可逐渐消退。此外，一些新型靶向药物也有待应用，国际指南推荐的主要药物还包括艾替班特注射液、艾卡拉肽注射液、C_1-INH 替代疗法等。

最后,也希望大家养成良好的生活习惯,避免摄入酒精及辛辣刺激性食物,避免熬夜,加强体质锻炼,减少慢性感染的反复发作。通过合理的预防和治疗,可以改善血管性水肿患者的症状与生活质量。

(陈 槿 马 英)

(八) 激素依赖性皮炎

激素依赖性皮炎指的是由于长期外用含糖皮质激素制剂,一旦停药就导致原有皮肤病复发、加重,使患者不得不继续使用糖皮质激素制剂,故称为激素依赖性皮炎。

随着外用激素制剂的滥用和含激素类护肤化妆品的误用,激素依赖性皮炎在临床上日益多见。它的临床表现具有以下特点:长期使用糖皮质激素制剂的患者,一旦停止用药,1~2 天内用药部位便发生红斑、丘疹、脱屑,患者还会感到疼痛、瘙痒、灼热或紧绷感,出现原来的皮肤损害病加重;重新外用激素后,上述症状很快减退。患者为避免停药后病情反跳,不得不长期依赖激素。有的患者使用原来的制剂,但效果不佳,必须更换作用更强的激素制剂,或加大用量,或缩短用药间隔时间,才能改善症状。药量的多少与病程的长短成正比,病程越长,用药越多,病情就越重。

为何近年来激素依赖性皮炎发病率持续增高呢?一是由于含激素的外用制剂使用不当,有些医生可能缺乏关于外用激素的专业知识,在适应证、药物、应用部位及疗程长短等方面把握不当,造成医源性激素依赖性皮炎。二是有一些制药厂商为达到更好的治疗效果,在药物中加入激素,使患者误用含激素制剂。三是有些声称有"美白""祛斑"等功效的化妆品,为达到"立竿见影"的效果,在化妆品内违规添加糖皮质激素,给患者造成使用后短期内面部色斑变淡、皮肤白嫩的假象,长期使用则会导致激素依赖性皮炎。

激素依赖性皮炎的识别主要靠临床表现和明确的糖皮质激素类药物用药史。患者用药处皮肤表现为皮肤变红、变薄,有的甚至能看见毛细血管;出现粉刺、丘疹、脓疱这些痤疮样皮损,还会有色素沉着;皮肤老化,出现干燥、脱屑,甚至导致皮肤萎缩;患者往往自觉有灼热、瘙痒、疼痛及紧绷感;并且停用激素药物会出现反跳现象,表现为原有皮肤病复发,甚至加重。

【怎么防】

首先患者要谨遵医嘱,切勿听信偏方,不随便购买外用药膏。如果需要使用含激素的外用制剂,要在医生的指导下应用,面部及婴幼儿皮损最好避免选用中、强效糖皮质激素及含氟的糖皮质激素,使用时间不要超过 1 个月。另外,在使用过程中要密切注意皮肤的变化,如果出现皮肤变红、变薄,有灼热、瘙痒等症状,需立即停用并求助专业的皮肤科医生。不购买功效夸张的化妆品,不去资质不全的医学美容诊所,选用正规、安全的化妆品或医学美容技术方法。

【如何治】

激素依赖性皮炎的治疗是个棘手的问题。由于激素依赖性皮炎容易反复,患者常会出现焦虑、烦躁、悲观的情绪。治疗上,首先要做好"打持久战"的心理准备,减少恐惧心理,增强信心。饮食上尽量避免辛辣刺激性食物及饮酒,多食蔬菜、水果等富含维生素的食物。因为长期外用糖皮质激素会导致皮肤变薄,皮肤屏障功能被破坏，导致皮肤对外界理化刺激的敏感性增高，因此，应配合使用能恢复皮肤屏障功能的防敏、保湿医学护肤品，以降低皮肤敏感性。

对于病程较短、停药反应较轻的患者，可以停止使用糖皮质激素制剂。也可以在医生的指导下行糖皮质激素替代疗法，可选用钙调神经酶抑制剂，如他克莫司软膏；或者选用非甾体类制剂，如丁苯羟酸乳膏、乙氧苯柳胺乳膏等。对于病程较长、停药反应较重的患者，可以进行糖皮质激素递减疗法，由强效制剂改为弱效制剂，由高浓度改为低浓度，并逐渐减少用药次数、延长使用间隔时间。也可以辅以一些物理治疗，如 LED 红光、强脉冲光等。如果伴有痤疮样皮损，出现粉刺、丘疹、脓疱等，可以在皮肤屏障功能恢复后，加用 5% 硫黄乳剂、过氧化苯甲酰凝胶、甲硝唑乳剂等。如果伴有色素沉着，可以在皮肤屏障功能恢复后，加用 3% 氢醌、熊果苷、壬二酸等脱色剂。对于较严重的激素依赖性皮炎，也可以系统使用抗敏、抗炎类药物。总的来说，激素依赖性皮炎防大于治，外用药膏或化妆品时一定要鉴别是否含有激素，防止为追求一时的效果而后悔终生。

（范梦洁　马　英）

(九) 药疹

药疹是指因为系统用药（包括口服、注射、吸入、灌注等）而引起的一种急性发疹性过敏反应。

皮疹表现多种多样，可以模拟发疹性传染病（如猩红热、麻疹等）、某些皮肤病（如荨麻疹、多形性红斑、紫癜、剥脱性皮炎或红皮病等），或以特殊形态出现（固定型红斑、大疱性表皮坏死松解型药疹等)。除固定型药疹外,其他类型的皮疹分布多呈泛发性、对称性。猩红热型或麻疹型药疹又称发疹型药疹,是药疹中最常见的类型,皮疹为弥漫性针尖至米粒大小的红色斑疹或斑丘疹,密集对称分布,可泛发全身。荨麻疹型药疹的临床表现与急性荨麻疹相似,即出现风团样水肿性红斑,可泛发全身,消退缓慢,往往超过24小时,剧烈瘙痒,有时出现血管性水肿,甚至喉头水肿、呼吸困难,严重者可出现过敏性休克。多形红斑型药疹根据病情可分为轻型和重型,临床表现与多形性红斑基本相同。重症多形红斑型药疹又称Stevens-Johnson综合征,发病急骤,表现为泛发的水肿性红斑、瘀斑迅速扩大并融合,甚至出现水疱、大疱,疱壁松弛,可伴口腔、眼部或外阴等黏膜损害,以及肝、肾、心等内脏器官损害,继而出现高热、谵妄甚至昏迷等全身症状。固定型药疹表现为不对称的圆形水肿性红色斑片或斑块,随即转为暗紫色,可继发大疱,伴有疼痛或瘙痒,因每次皮损常在同一部位出现,故命名为固定型药疹。剥脱性皮炎或红皮病型药疹表现为全身弥漫泛发的水肿性红色斑片,可伴有脱屑,或继发水疱、渗液、结痂,常伴有高热、寒战等全身症状。除此之外,还有比较少见的急性泛发性发疹性脓疱病、紫癜型药疹、药物超敏反应综合征等类型。

可疑诱发药疹的药物甚多,比较常见的有抗生素类药(青霉素、头孢霉素为多见)、解热镇痛药、抗痛风药(卡马西平、别嘌醇等)、镇静抗惊厥药(氯丙嗪、苯巴比妥等)及磺胺类药(复方磺胺甲噁唑、呋喃唑酮等)等。药疹的发病机制复杂,有变态反应性和非变态反应性,前者Ⅰ~Ⅳ型的变态反应均可出现,后者包括毒性作用、光感作用、酶代谢紊乱等。

实验室检查包括血常规、肝功能、肾功能、电解质、尿常规、凝血全套、血清总 IgE、C 反应蛋白（CRP）等，有利于病情评估和鉴别诊断。

药疹的诊断主要是根据病史及特征性临床表现，一般依据如下：发病前有明确的用药史；初次用药有潜伏期，一般 1～3 周或更长；起病突然，常伴明显瘙痒或疼痛；可伴发热和全身症状，少数有脏器损害；皮损呈多形性，多对称分布，色鲜红；及早停用致敏药物后皮损可逐渐消退。

【怎么防】

为防止发生药疹，如有药物过敏史，应在就医时主动告诉医生。对服用某种药后产生药疹者，应记住以后不可再用此药以及与此药化学结构相近的一类药物。用药后若发现有异常反应，如皮肤瘙痒、红斑、发热等，常为发生药疹的先兆表现，应立即停药就医。

【如何治】

首先是停用一切可疑致敏药物，多饮水或静脉输液以加速药物的排出。出现药疹后需及时就医，可选皮肤科就诊。皮疹以局部红斑、丘疹为主者，可外用炉甘石洗剂或糖皮质激素类药膏；以糜烂渗出为主者，可外用 3% 硼酸溶液或苯扎氯胺溶液湿敷。常用治疗药物包括抗组胺药物、维生素 C、钙剂，必要时给予内服或静脉滴注糖皮质激素治疗，皮损好转后激素需逐渐减量，重症患者可使用静脉注射人免疫球蛋白冲击治疗。

（张成锋　徐中奕）

(十) 酒性红斑

酒性红斑是指由于食用含乙醇（酒精）的食物或饮料而引起

的全身皮肤红斑性反应。

临床表现为发病急,在食用或者饮用含酒精物质后数小时内,出现全身充血性红斑,特别是耳后、颊、唇、颈、上胸、股内侧等处最显著,酷似猩红热样或麻疹样红斑,严重的伴眼结膜、口腔黏膜充血及过敏性鼻炎,一般有瘙痒和灼热感,皮疹于数小时或经1～2日后逐渐消退,少数人可有脱屑。

发病可能与机体对酒中某些化学成分过敏,从而引起皮肤和黏膜的微血管扩张有关。

实验室检查包括血常规、肝功能、肾功能、电解质等。

诊断主要依据饮酒史和典型皮疹表现。

【怎么防】

有酒性红斑病史者,应戒酒,并尽可能避免接触含有酒精的食品和饮料。

【如何治】

可多饮水以促进酒精排泄,常用治疗方法包括外用炉甘石洗剂,口服抗组胺药物、维生素C或静脉滴注葡萄糖酸钙溶液等。

(张成锋　徐中奕)

(十一) 猩红热样红斑

猩红热样红斑为一种急性全身性或局限性发疹性红斑。

皮疹往往突然出现,常伴有畏寒、高热、头痛等症状。开始为细小红斑,密集成片,相互融合,颜色猩红,初起于腹股沟、腋窝等部位,皮疹1～2天内弥漫全身,2～3天内可达到高峰,全身遍布红斑,面部、四肢肿胀,酷似猩红热的皮疹,尤以皱褶部位及四肢屈侧更为明显。但患者一般情况较好,全身症状较猩红热轻微,无猩红热的其他症状。少数病例中,红斑仅局限于手掌和足跖,自觉瘙痒、刺痛和烧灼感。经2~6天后,病情开始好转,体温逐渐下降,皮疹颜色变淡,继以糠状或大片脱屑,重者头发和指甲也可脱落,鳞屑逐渐变小、变细,皮肤逐渐恢复正常;病程一般较短,不超过1个月。本病通常无黏膜受累或内脏损害。

与溶血性链球菌、葡萄球菌等细菌或某些病毒感染后过敏或其毒素的作用有关。

关于病因检查,疑为细菌感染时,应取分泌物或从皮肤创口取材进行细菌培养,可分离出金黄色葡萄球菌、链球菌等病原体。出现高热等系统症状时,建议完善实验室检查,包括血常规、肝功能、肾功能、电解质、C反应蛋白、降钙素原等检查。

根据其典型临床表现和病史,可进行诊断。

【怎么防】

日常生活中要加强室内通风消毒,保持干净卫生,减少搔抓皮肤,避免破皮现象的发生,避免细菌侵入,有效预防皮肤感染。

【如何治】

治疗应针对病因,有感染时应进行抗感染治疗。局部外用3%硼酸溶液、炉甘石洗剂、糖皮质激素软膏,全身症状显著时应用抗组胺药物,必要时系统应用糖皮质激素、葡萄糖酸钙和维生素C,同时保持水、电解质平衡。

(张成锋　徐中奕)

(十二) 昆虫叮咬伤

昆虫叮咬伤是指人体被昆虫叮咬后产生的过敏反应。常见的昆虫有毒性较小的蚊、蠓、跳蚤等，以及毒性较大的蜂、蜈蚣、蝎、毛毛虫、蜱虫等。被昆虫咬伤后，首先应明确被什么昆虫咬伤，以及昆虫是否有毒，其次应视被咬后皮肤反应的严重程度而决定是否就医。

临床表现为叮咬处皮肤出现鲜红色风团样损害，可有红肿、红斑、水疱等，并伴有明显瘙痒。严重者可能会出现全身中毒或过敏症状，甚至出现荨麻疹样风团、喉头水肿、过敏性休克等，危及生命安全。

病因明确，即由昆虫叮咬引起。

血常规检查可见嗜酸性粒细胞升高。

诊断主要依据昆虫叮咬病史、典型的皮疹表现以及嗜酸性粒细胞升高。

【怎么防】

尽量少去花草茂盛的地方，尤其在雨后；如果要外出，可以选择穿着长袖、长裤。在室内睡觉时可以使用蚊帐，家中可以常备一些驱蚊剂。如果有宠物，要注意清洁，一些宠物身上容易寄生螨虫。平时需要勤洗被褥，定期消毒清洁，消除一些臭虫、螨虫和其他昆虫。如果有草席之类的物品，使用前要进行清洗和干燥，这样可以减少草席中隐藏的幼虫，减少虫咬的发生。

【如何治】

在急性期，发现昆虫叮咬后，应尽快清理伤口，清除可疑的毒刺或毒毛，可用肥皂和水清洗被叮咬的区域，也可以将冰袋敷在被叮咬处。需要特别注意的是，若被蜱虫叮咬，切不可强行拔出或胡乱拍死，建议及时就医。根据皮损的形态，可外用炉甘石洗剂或糖皮质激素类药膏涂于患处。瘙痒难以忍耐时，可以服用一些抗组胺药物（氯雷他定片、西替利嗪片等）。对于搔抓后继发感染的患者，在皮肤破损的部位可以外用一些抗生素软膏（莫匹罗星软膏、夫西地酸乳膏等）。由于患者个体差异较大，对虫咬后的反应不同，如果发生严重的过敏反应，应及时前往医院治疗。

（张成锋　徐中奕）

（十三）面部丹毒

丹毒，俗称"流火"，是一种主要由溶血性链球菌感染皮肤淋巴管网导致的急性非化脓性疾病。丹毒是浅表皮肤的细菌感染，其中下肢丹毒最为常见，约占所有丹毒患者的86.8%。发生在面部的丹毒，一般源于耳鼻咽喉处炎症导致的感染。

丹毒一般不难诊断，临床表现与实验室检查特征可将丹毒与其他形式的组织感染进行区别。丹毒的临床表现为起病急，面部出现片状红斑，皮疹微隆起，色鲜红，与周围组织界限较清楚。患处附近淋巴结常肿大、有触痛和压痛，但皮肤和淋巴结少见化脓破溃。丹毒发病后出现畏寒、发热等全身症状，病情加重时可导致全身性并发症，如败血症和皮外感染等。

实验室检查特征为外周血白细胞增多伴中性粒细胞增多、红细胞沉降率升高、C反应蛋白水平升高，脓液分泌物可培养出致病菌。

【怎么防】

丹毒是一种具有复发倾向的疾病，虽然可在几天内自愈，但愈后数周甚至数年可能复发。复发性丹毒病程比急性丹毒病程长，可能导致皮肤损伤、瘢痕和慢性淋巴水肿等，不仅给患者带来健康风险,也影响面部美观。因此,做好预防工作,避免丹毒的再次发生,是非常重要的。患者需要加强自身的护肤意识,保持皮肤清洁,切勿养成拔鼻毛的习惯,避免长时间日光暴晒。同时,由于细菌主要经伤口侵入,因此,患者平时出现皮肤破溃一定要注意护理,避免搔抓。

【如何治】

面部丹毒的治疗首选抗生素治疗,但目前对最佳抗生素治疗缺乏共识,也没有临床试验数据说明可以联用抗生素。患者接受静脉抗生素治疗后病情逐渐减轻。常见应用的抗生素是青霉素,另外大环内酯类药物也有效。抗生素应用需用足剂量、疗程,一个疗程后根据病情再行处理。患者的症状消失后仍需继续用药数天,以免出现复发的情况。面部丹毒患者还可辅助使用外用药物和物理疗法如窄波紫外线照射等,以减轻丹毒引起的淋巴水肿。

(陈 槿 马 英)

二、以炎症性丘疹、结节(斑块)、鳞屑为主

对于此类皮肤病症,这里主要介绍以下8种:

脂溢性皮炎、神经性皮炎、扁平苔藓、银屑病(寻常型)、体癣、寻常狼疮、面部播散性粟粒性狼疮、盘状红斑狼疮。

(一) 脂溢性皮炎

脂溢性皮炎,顾名思义,就是油脂多到溢出来了。这是一种很常见的皮肤病,新生儿脂溢性皮炎又称为"乳痂"或"摇篮帽",而我们所熟悉的"头皮屑"其实也是脂溢性皮炎的一种表现。

脂溢性皮炎常发生于皮脂分泌旺盛部位，如头皮、耳后、面部、胸背部、腋窝、腹股沟等处。不仅油性皮肤易患，干性、中性或混合性皮肤都可能出现脂溢性皮炎。脂溢性皮炎的典型症状，就是在皮肤油脂分泌较多的部位出现瘙痒性红斑，覆盖有油腻的鳞屑或痂皮，患者搔抓患处可能引起继发性感染。脂溢性皮炎很常见，1岁以下的婴幼儿期、15～30岁的青春期及50～70岁中老年都是好发年龄段。3个月以下的婴幼儿常会出现"摇篮帽"，头皮上长了一层油腻、灰黄色的痂皮或鳞屑，一般没有炎症，不疼不痒，也不影响婴儿身体健康，通常1岁前症状会消退。除了头皮，婴儿的面部和包尿布的部位也会出现脂溢性皮炎。成人的脂溢性皮炎最常见于头部，也就是我们常见到的"头皮屑"，如果不及时治疗，毛囊损伤后还会引起脱发。面部、胸背部和皮肤褶皱处也是好发部位，褶皱处的脂溢性皮炎还可能继发真菌感染。

脂溢性皮炎的病因目前尚不明确，研究认为其发病主要和马拉色菌感染、脂质代谢异常、免疫因素、遗传因素、皮肤屏障受损等有关。有学者研究表明，通过抗真菌治疗减少马拉色菌菌丝有助于缓解脂溢性皮炎患者的临床症状，这说明马拉色菌的菌丝形式可能是致病因素之一。脂溢性皮炎的严重程度还与皮肤表面脂质的多少显著相关，这表明脂溢性皮炎与皮脂腺活动也具有很强的相关性。在免疫抑制的患者中，如器官移植者和HIV/AIDS患者对脂溢性皮炎有更高的易感性，脂溢性皮炎在普通人群中发病率仅为5%，而在HIV感染人群中发病率可高达30%～83%。$CD4^+$ T淋巴细胞越少，脂溢性皮炎发病率越高，皮损程度越重，这也表明脂溢性皮炎的发病可能与机体免疫功能缺陷有关。临床观察还发现，脂溢性皮炎常伴有多种内科疾病，并且其症状可能随内科疾病加重而加重。在帕金森病患者中，脂溢性皮炎的发病率高达60%，头皮常出现大量蜡状鳞屑。另外，脂溢性皮炎还有一定的遗传易感性。总之，脂溢性皮炎的病因很复杂，马拉色菌的存在与丰度、宿主表皮状况和皮脂腺分泌，再加上各种其他因素及其相互作用，最终导致脂溢性皮炎的发生。

脂溢性皮炎的诊断主要根据患者的临床表现及好发年龄段。某些脂溢性皮炎病例在临床上与银屑病很相似，这两种疾病也可能同时存在。银屑病往往有较厚的层状鳞屑，刮去表面鳞屑后还出现点状出血，又称为 Auspitz 征；而脂溢性皮炎的鳞屑一般不会很厚，并且往往瘙痒较为明显。头癣有时也会出现鳞屑，它是头皮真菌感染所导致的，可以根据临床表现和皮肤刮屑 KOH 湿片镜检来鉴别。

【怎么防】

首先，在学习、工作中不要给自己过大、过多的精神压力，要适当放松精神，保持积极乐观的心态。注意清淡饮食，少吃甜食，摄入过量高糖食物容易升高血糖，让皮脂腺分泌更加旺盛，容易导致脂溢性皮炎。辛辣刺激的食物容易让皮肤瘙痒更加严重，加速脂溢性皮炎的进展。限制脂肪的摄入量，也是预防脂溢性皮炎发生的重要措施。还要讲究个人卫生，常洗头、洗澡，但频率也不可过高，保持皮肤表面清洁即可。规律作息、适当运动也有助于提高皮肤及黏膜的修复能力，有效预防脂溢性皮炎的发生。

【如何治】

局部治疗主要以去脂、杀菌、消炎和止痒为主。可以用一些药用洗发水,比如含煤焦油、酮康唑、水杨酸、硫化硒、吡啶硫酮锌等成分的去屑洗发水,治疗用药首选 2% 酮康唑洗剂。刚开始每天洗一次,症状缓解后,每周用 2~3 次,洗头时让洗发水在头皮上停留 5 分钟以上。药用洗发水不仅可以用来洗头,还可以用在面部、胡须、双耳和胸部油脂分泌旺盛的部位。轻轻揉搓,停留 5 分钟再冲净。还可以使用含酮康唑、咪康唑、益康唑的乳膏,以起到杀灭马拉色菌的作用。在皮疹严重、瘙痒明显时,可酌情加用一些抗炎药物。如糖皮质激素制剂和钙调磷酸酶抑制剂,但要在医生的指导下使用。激素制剂不宜长期用于面部薄嫩处皮损,以免局部出现副作用。外用药治疗效果不佳时,可以在医生的指导下尝试口服药治疗,常用的有抗真菌的伊曲康唑、特比萘芬,以及控油和抗角化作用的异维 A 酸。还可以补充一些复合维生素 B 或锌片,以增强机体抵抗力。脂溢性皮炎不存在根治、一劳永逸的治疗方法,常需要维持治疗以减少复发。饮酒、干燥、心理压力等是常见诱发因素,因此培养健康的生活方式、平时注意皮肤保湿,一定程度上能减少复发。

(范梦洁　马　英)

(二) 神经性皮炎

神经性皮炎又名慢性单纯苔藓,是以阵发性剧痒和皮肤苔藓样变为特征的慢性神经功能障碍性皮肤病。

常以阵发性剧痒起病,继而逐渐出现针帽大小、多角形、扁平斑丘疹和丘疹,肤色可为淡红色,皮疹密集成片,病久者则常相互融合成苔藓样斑块。好发于颈项、肘、膝、骶等易摩擦的部位,可泛发对称分布于肘弯、腘窝、上背、腋下、股内侧、前臂伸侧及面颈部等。

病因尚不明,过度疲劳、精神刺激,以及搔抓、日晒、饮酒或其他任何刺激因素均可促发本病或使病情加剧。

以临床诊断为主,无需特殊辅助检查。

诊断主要依据典型皮疹部位和形态,以及慢性反复发作的病程特点。

【怎么防】

针对可能的诱因给予积极治疗,力求避免一切新的再刺激因素。尤其是避免过度劳累、精神紧绷等情况,以调整好心态。日常生活中的一些不良习惯一定要戒掉,比如吸烟、饮酒、熬夜等。

【如何治】

治疗的目的主要是止痒,避免患者因瘙痒而搔抓,从而进一步加重病情。外用药主要包括糖皮质激素软膏、霜剂或溶液外用,或钙调磷酸酶抑制剂(他克莫司软膏、吡美莫司乳膏等)外用,肥厚者可封包或是联合使用维 A 酸乳膏外用。常用口服药物包括抗组胺药物、钙剂等对症治疗。

(张成锋 徐中奕)

(三) 扁平苔藓

扁平苔藓是一组以紫红色、多角形、扁平丘疹为特征的常见的亚急性或慢性炎症性皮肤病。

临床表现为针帽至绿豆大小的多角形、扁平丘疹,呈特征性暗紫红色,表面有蜡样光泽,并有乳白色纵横交错的细纹,疹顶可有微小角栓或脐凹,边界清楚。散在或群集分布,常排列成带状或环状。部分可伴口腔黏膜损害,为乳白色略带紫色斑丘疹及网状、条状或环状斑片,常称为"Wickham 纹"。部分可累及指(趾)甲、毛发和外生殖器等。

病因尚不明确,可能与免疫、药物、丙型肝炎病毒感染等有关。部分患者可合并自身免疫性疾病。

如果在病史采集和体格检查后诊断仍不明确,可实施皮肤组织病理检查。丙型肝炎可能是扁平苔藓的诱因,怀疑有此情况者,建议抽血检查丙型肝炎病毒核酸及抗体。

扁平苔藓的诊断主要通过体格检查,根据皮损分布的范围、大小、数量、颜色及黏膜受累程度等,一般可作出诊断。必要时,获取一小块皮肤组织,通过显微镜进行组织病理检查。

【怎么防】

扁平苔藓的发病原因目前尚不明确,没有有效的预防措施,可以通过以下方式减少发病:避免紧张和焦虑的情绪、避免接触可疑致敏药物、避免丙型肝炎病毒感染等。

【如何治】

主要治疗药物包括外用或系统糖皮质激素、维 A 酸类药物。皮疹久治无效者可酌情选用免疫抑制剂,如环孢素、硫唑嘌呤、沙利度胺、羟氯喹等,但这些药物必须在皮肤科医师指导下应用。瘙痒患者可给予抗组胺药物及镇静类药物等。

(张成锋　徐中奕)

(四) 银屑病(寻常型)

银屑病(寻常型)是一种以红斑、丘疹、鳞屑为基本特征的慢性皮肤病。

皮疹初起为红色粟米大丘疹，刮之可见层层银白色鳞屑，并显露出潮红膜状基底，再刮则有点状出血。鳞屑性丘疹逐渐增大，融合成大小、形状不一的斑块，边缘清晰。皮疹好发于头皮、四肢伸侧（尤其是关节附近）、背及臀部，可伴有瘙痒、灼热或疼痛感。

少数患者可在病程中或皮疹发生前出现大小关节肿痛甚至变形，则为关节病型银屑病。少数患者因处理不当或其他因素发展为脓疱型银屑病。

目前对其确切病因与发病机制尚未完全阐明，可能是一种多基因性疾患，主要由于遗传背景、环境诱因、免疫应答异常等因素相互作用。感染、精神因素、气候变化、饮食等均可作为诱因，促发或加重本病。

银屑病（寻常型）的诊断主要通过病史采集和体格检查，根据银屑病皮损的三大特征，即银白色鳞屑、红色光亮薄膜、点状出血，能够较容易判断。必要时，可获取一小块皮肤组织，通过显微镜进行组织病理检查。

【怎么防】

精神心理因素、感染、物理创伤、治疗不当、不良生活习惯等都有可能加重或导致银屑病复发。因此，预防也应因人而异。主要预防措施包括：预防感染，避免受潮着凉，保护好皮肤屏障功能，尽量避免物理性创伤，避免使用可能导致银屑病加重的药物（如β受体阻滞药、非甾体类抗炎药、抗疟药等），保持健康的生活方式，预防银屑病共病的发生。同时，拥有良好的心态以及健康的生活、饮食习惯，可以大大降低患病的概率。

【如何治】

虽然目前尚无"根治"方法，但规范化的治疗可以控制病情，减少疾病的复发,提高患者生活质量,达到延长缓解期的目的。银屑病的治疗主要包括:外用药物(如润肤剂、维生素 D_3 衍生物、维 A 酸类药、糖皮质激素、外用复方制剂、钙调磷酸酶抑制剂、角质促成剂、角质松解剂等)、系统治疗(如氨甲蝶呤、环孢素、维 A 酸类药物、硫唑嘌呤、来氟米特、吗替麦考酚酯、糖皮质激素、抗生素、生物制剂)、中药治疗(急性期以清热凉血、祛风活血为主,慢性期以养血活血、祛风润肤为主,包括复方青黛制剂、复方氨肽素、消银丸等)、物理治疗(如光疗、洗浴疗法等)、心理治疗等。银屑病需要个体化治疗,需要定期跟踪和随访,并纳入慢病管理,其中系统治疗药物必须在医生的指导和监测下使用。

(张成锋　徐中奕)

(五) 体癣

体癣又名"钱币癣",是由皮肤癣菌感染除掌(跖)、指(趾)、腹以外皮肤的浅部真菌病。一般多见于炎夏湿热季节或长期在湿热环境中工作的情况。

临床表现为丘疹或丘疱疹组成的环形皮损,色红,尤以边缘为甚,中心区则色淡。皮疹边界清楚,边缘会不断向外扩大,表面覆有鳞屑。皮损部位常伴有明显瘙痒。

体癣的病因明确,是由真菌感染引起,如红色毛癣菌、犬小孢子菌等。

发生在头皮、面部的体癣常易被误认为是脂溢性皮炎或其他皮炎湿疹,务必谨慎辨认。

刮取皮疹边缘鳞屑做真菌检查(包括真菌涂片或真菌培养)常可见分枝分隔菌丝,有助于确诊。

【怎么防】

尽量穿吸汗、透气的棉质衣物。肥胖患者应频繁更换衣物,积极控制体重。注意个人卫生,勤洗澡,易出汗部位尽量保持局部干燥。患者内衣应定期进行清洗、晾晒等处理。家里有宠物的,应注意宠物的清洁和卫生。

【如何治】

以抗真菌治疗为主,包括外用抗真菌药物和口服抗真菌药物。体癣的治疗强调早发现、早治疗,首选外用药物治疗。当外用药物治疗效果不佳时,考虑使用口服抗真菌药物。常用药物有酮康唑乳膏、咪康唑乳膏、特比萘芬乳膏、联苯苄唑乳膏、克霉唑乳膏等,以及口服伊曲康唑胶囊、特比萘芬片等。

(张成锋 徐中奕)

(六)寻常狼疮

这种病的名字挺吓人,皮疹表现的确也有些可怕。罪魁祸首是结核杆菌感染。结核杆菌除了最常见的感染肺部以外,也可以感染皮肤;寻常狼疮是皮肤结核病中最常见的一种类型,占所有皮肤结核病的50%～75%,不过,近年来其发病数明显减少。不同性别、任何年龄均可能被感染,其中73%在25岁以下,以儿童及青少年居多。

皮肤的主要表现为针头至黄豆大的小结节,就是高出皮面的疙瘩,呈褐红色,质地柔软,用玻片压时呈棕黄色,如苹果酱状,如用探针以轻微压力刺之很易刺入,并产生少许出血及痛感。可向周围扩展,逐渐融合成片,边缘非常明显。也可经年不变,或逐渐吸收而遗下薄且光滑的萎缩性瘢痕,犹如香烟纸状,在瘢痕的边缘尚可有新的结节产生。结节亦可破溃形成溃疡，圆形或椭圆形，但一般为不规则形，边缘不整齐，平而薄，基底呈污红色或紫红色，上面有少许浆液或脓液。

根据损害的大小、高低、多少、分布、发生部位、溃破与否等，狼疮有各种形态。损害好发于面部、臀部及四肢，亦可累及黏膜。面部损害多见于鼻、上唇和颊部，鼻唇部损害常肥大伴溃疡，鼻端软骨部分常很快被破坏，发生穿孔，或因瘢痕收缩使鼻孔及口腔缩小，产生畸形。自有效的抗结核药物问世后，这种毁形性狼疮已极为罕见。

狼疮不仅侵及皮肤，也可累及上呼吸道及口腔黏膜。损害可先发于皮肤，然后波及黏膜，或开始即为黏膜损害，以后累及皮肤。个别病例仅黏膜损害。基本损害亦为小结节，但极易破溃形成溃疡。溃疡一般疼痛不显著，表浅，易出血，基底有小颗粒。鼻腔狼疮患者容易长期感冒，鼻中多痂，易出血，久后黏膜因浸润而肥厚，鼻腔受阻，导致呼吸困难。鼻软骨可受侵而破坏。口腔溃疡最常见于齿龈，其次为硬软腭，再次为悬雍垂。

病程为慢性，如不治疗，可多年不愈，一般无自觉症状。患者可伴有其他内脏结核。机体免疫力降低或为中等，结核菌素试验呈阳性反应。

本病后期因瘢痕收缩，可引起眼睑外翻、鼻孔及口腔缩小等畸形；发生于四肢者可并发象皮肿，如同象腿一样肿大，由反复发生于四肢的淋巴管和淋巴结感染后产生，也可因狼疮本身累及淋巴管和淋巴结而产生。极少数患者的皮损可发生癌变。

本病的检查中，取一小块病变组织做病理检查最有诊断价值。典型病理表现为结核肉芽肿改变，在真皮的中、上部，由一片上皮样细胞,内有1个或数个称为Langhans巨细胞的特征细胞,外围为淋巴细胞,杂有少许浆细胞组成。干酪样坏死较少见。另外,还可以通过结核菌素试验来明确,以往常采用的注射结核菌素试验现在已很少用,大多采用简便的结核 T-spot 实验。

治疗试验亦有帮助——就是说对无法确诊的情况,可采用抗结核药物治疗,治疗若有效则有助于寻常狼疮的判断。

【怎么防】

结核是传染性疾病,要注意个人卫生,特别是与有传染性的结核患者共同生活时,要注意防护。另外,本病多发生于抵抗力弱的患者,因此应注意适当休息,增加营养,提高机体抵抗力,同时治疗伴发疾病。

【如何治】

与其他脏器的结核病相同,本病主要用异烟肼类、链霉素、对氨基水杨酸、利福平等抗结核药物治疗。局限型疾病的治疗效果一般较好。寻常狼疮经治疗后一般在2周内即有好转,溃疡型特别是侵及黏膜者好转更快,1周内即见缩小。血源型疾病则疗效较差,且易复发。复发与病期及治疗总量有关,病期短的、治疗总量大的不易复发。

第一线抗结核药物中,最常用者为异烟肼,可单独服用,或与链霉素、对氨基水杨酸、维生素 D_2 等合并应用。应用上述药物而疗效不显著时,可选用第二线药物,与上述 1~2 种药物合并应用。可供选择的有利福平、乙胺丁醇、吡嗪酰胺、乙硫异烟胺、环丝氨酸等。

(杨永生)

(七)面部播散性粟粒性狼疮

此病发生在面部,也会严重影响颜值。过去因组织显示结核样结构,认为是一种血源性皮肤结核病;但近年来已否定本病为结核性,因病损处查不到结核杆菌。本病可自行消退,而抗结核药物治疗无效。

病因尚不清楚,可能是与酒渣鼻、痤疮相似的一种对皮脂腺脂质的肉芽肿样反应。

本病好发于青年。皮损散在分布于面部特别是腔口周围,无融合倾向。少数病例皮损泛发,可累及颈、肩、腋窝甚至躯干。基本损害为圆形或椭圆形、黄红色、针帽至绿豆大的小结节,质地柔软,有时坚实,略高出皮面,中心有坏死。玻片压诊可见较明显的棕黄色半透明斑点。1~2年内可自行消失,愈后往往留有色素性萎缩性瘢痕。

明确诊断需要取一小块皮肤组织进行病理检查。组织病理表现是结核样结构,中央可有坏死。

【怎么防】

平时要注意皮肤清洁,避免阳光暴晒。

【如何治】

本病部分患者可自然痊愈。外用糖皮质激素可使症状减轻。口服糖皮质激素、米诺环素、氨苯砜、羟氯喹及维 A 酸药物也有效。

(杨永生)

(八)盘状红斑狼疮

此病亦好发于面部,对容貌影响大。红斑狼疮是一种自身免疫性疾病,是由机体的免疫系统攻击自身的组织导致的。

病因主要有如下几个方面:

遗传因素:家系调查显示,盘状红斑狼疮患者的一、二级亲属中约10%～20%可有同类疾病的发生,单卵双生子发病一致率达24%～57%,而双卵双生子为3%～9%。

药物因素:药物致病可分成两类:一类是诱发症状的药物,如保太松、金制剂等药物;另一类是引起狼疮样综合征的药物,如盐酸肼酞嗪(肼苯哒嗪)、普鲁卡因酰胺、氯丙嗪、苯妥因钠、异烟肼等。

感染因素:有些发病与某些病毒(特别是慢病毒)感染有关。

物理因素:紫外线能诱发皮损或使原有皮损加剧。有些局限性盘状红斑狼疮暴晒后可演变为系统性。

内分泌因素:鉴于本病女性显著多于男性,且多在生育期发病,故认为雌激素与本病的发生有关。此外,口服避孕药可诱发狼疮样综合征。

免疫异常:一个具有遗传因素的人在上述各种诱因的作用下,机体的免疫机能会出现紊乱。当遗传因素强时,弱的外界刺激即可引起发病;反之,在遗传因素弱时,其发病需要强烈的外界刺激。

本病皮疹起初是一片或数片鲜红色斑,发生在面部、耳郭或其他部位,绿豆或黄豆大,上面有黏着性鳞屑,以后逐渐向外围扩大,呈圆形或不规则形,边缘明显色素增深,略高于中心,中央色淡,有毛细血管扩张,鳞屑下有角质栓和扩大毛孔。可无感觉或伴不同程度瘙痒和烧灼感。新的皮疹可逐渐增多或经多年而不变。两侧颧颊和鼻梁间的皮疹可连续，形成蝴蝶翅膀样外观。黏膜损害主要在唇，其次为颊、舌、腭部；一般为灰白色小片糜烂，或覆痂皮，绕以紫色红晕。头皮上损害的萎缩常更显著，失去头发，称假性斑秃。盘状损害有时经日光暴晒或劳累后加剧，偶见发展成鳞状细胞癌。

倘若皮损局限在颈部以上部位，称局限性盘状红斑狼疮；如皮损累及上胸、臂、手足背和足跟等部位，则称播散性盘状红斑狼疮，其中约1/5病例为系统性红斑狼疮。

如果临床上怀疑是本病，但诊断尚不明确需要做以下检查：

（1）血清免疫学检查：抗核抗体可阳性，类风湿因子可阳性，免疫球蛋白（IgG、IgA、IgM）可同时升高，抗ENA抗体可阳性。

（2）组织病理检查：对本病的诊断具有重要意义。

（3）狼疮带试验（LBT）：有助于本病的诊断及鉴别。

盘状红斑狼疮需要和系统性红斑狼疮进行鉴别，后者会影响到关节、肾脏、心、肺、脑等多个内脏器官；少数（约5%）病例盘状红斑狼疮病情加重可转变成系统性。

【怎么防】

必须尽量减少在阳光或紫外线下暴露，外出时应采用防紫外线措施。平时避免感染，注意休息，保持免疫力；也要避免使用上述可能导致红斑狼疮的药物。

【如何治】

应早期治疗，以防永久性萎缩。

（1）局部疗法：包括糖皮质激素、他克莫司制剂外用及液体氮或干冰冷冻疗法等。

(2) 口服药物治疗：包括抗疟药如羟氯喹等，有防光和稳定溶酶体膜、抗血小板聚集以及黏附作用，病情好转后减量；中药如六味地黄丸、雷公藤制剂等；糖皮质激素口服，这仅在少数皮损久治未效、或病情活动、或有可能进一步转化为系统性的情况下采用。

（杨永生）

三、以增生性丘疹、结节或肿块为主

对于此类皮肤病，这里主要介绍以下 14 种：

睑黄瘤、疣、色素痣、太田痣、血管瘤、汗管瘤、毛发上皮瘤、皮脂腺痣、疣状痣、皮赘、皮肤纤维瘤、瘢痕疙瘩、基底细胞上皮瘤、黑色素瘤。

(一) 睑黄瘤

在不少中老年人的眼睑内侧，可以见到黄色的块状物。人们常会嘀咕这到底是什么？

这很可能是皮肤黄瘤的一种——睑黄瘤。

除了影响美观问题，更要担心的是此病对身体健康的影响。

黄瘤是指皮肤或肌腱上有黄色或橙色的丘疹、结节或斑块，这些组织中有含脂质的细胞浸润，属于代谢障碍性皮肤病，和脂质代谢异常有关。

由于遗传性酶缺陷（如缺乏脂蛋白酯酶）或内分泌紊乱，使脂蛋白的外源和内源代谢发生障碍，造成含量增加及结构异常，导致脂蛋白在组织中沉积，出现黄瘤病。

黄瘤的脂质类似于动脉粥样硬化损害，所以许多人会伴有高脂蛋白血症或高胆固醇血症,但也有一些人血脂检查正常。

本病中老年人多见,尤其是患有肝胆疾病的女性。

根据好发部位、皮损大小和临床形态等,黄瘤可分为很多种,其中睑黄瘤最常见。

麂皮色或橘黄色的柔软斑块,呈长方形或椭圆形,小的数毫米,也可发展至蚕豆大小,一般不痛不痒。好发于上眼睑,可围绕内眦形成马蹄形,倾向于对称性分布。皮疹持久,进行性、多发性,可相互融合。

可以和结节性黄瘤、腱黄瘤、全身性扁平黄瘤等其他黄瘤伴发。中年发病者提示有潜在的低密度脂蛋白(LDL)增加,年轻患者的高β脂蛋白血症发生率较高。要排查有无糖尿病等各种代谢性疾病。

本病皮损特征比较明显,和发生于眼睑的神经性皮炎、汗管瘤等容易鉴别。

【怎么防】

对于遗传因素,目前没有太好的办法,但后天的生活方式需要重视,如均衡饮食、适度运动,通过"管住嘴、迈开腿"来达到动静两平衡。如果有脂质代谢异常和黄瘤家族史的,建议低胆固醇、低脂饮食,注意总热量的摄入。

【如何治】

首先需要进行血脂检查、脂蛋白电泳,发生高胆固醇血症时,需要及时干预,选择合适的降脂药。如果有糖尿病、心血管疾病、肾病综合征、慢性胰腺炎、胆汁性肝硬化、黏液性水肿等原发病,也要规范治疗。

对于局部皮损,可采用激光、冷冻、33%三氯醋酸溶液点涂或手术等方法治疗。较大皮损可以分批处理。

部分人容易反复,所以防和治要同步跟上。

(朱敏刚)

(二)疣

因为HPV(人乳头瘤病毒)疫苗是第一个可以预防恶性肿瘤的疫苗,所以HPV被大家广泛关注和熟知。但许多人常一听说HPV就大惊失色,将其和宫颈癌或其他恶性肿瘤画上了等号。

HPV都是一个模样吗?

显然不是!

HPV是一种去氧核糖核酸(DNA)病毒,呈小球状(45～55 nm)、为无包膜的20面立体,有72个壳粒,为含7 900个碱基对的双链环状DNA。是不是很威武?

HPV还很专一,只喜欢人类的皮肤和黏膜,具有种属特异性,所以被命名为人乳头瘤病毒。

HPV有200多种亚型,其中只有10余种高危型和癌有关。更常见的是无症状感染和发生于皮肤黏膜的各种疣,如扁平疣、寻常疣、跖疣、尖锐湿疣等,统称为"病毒疣"。

扁平疣:好发于面部、手背,常见于儿童和年轻人,表现为较小的扁平丘疹,皮肤色至褐色,轻度隆起,表面光滑,呈圆形、椭圆形或多角形,边界清楚,可密集分布或由于局部搔抓而呈线状排列(病毒播种引起的假性同形反应)。多数无自觉症状,部分患者瘙痒,尤其在活动期或即将消退前。有些长得比较有特点,比如刮胡子引起的播散性疣。

寻常疣：好发于手指、手背、足缘等处，初起为针尖大的丘疹，渐渐扩大到豌豆大或更大，呈圆形或多角形，表面粗糙，角化明显，质坚硬，呈灰黄、污黄或污褐色，继续发育呈乳头瘤样增殖，摩擦或撞击易于出血。数目不等，初起多为一个，以后可发展为数个到数十个。病程为慢性，约65%的寻常疣可在2年内自然消退，故民间又称"千日疮"。

形状特殊的如丝状疣，其高度明显大于直径，因为纤细而容易弯曲，好发于颈部、下巴、眼睑。但需要和颈部的多发性软纤维瘤相区别。

还有好发于头皮、脚趾间的指状疣，可表现为一簇参差不齐的指状突起，顶部角化明显。

跖疣：就是长在脚底的寻常疣。但因为长期受鞋袜摩擦、压迫，跖疣表面较平，见不到典型的乳头瘤样增生，而且因为压迫神经，容易感觉痛，特别是着力部位。由于毛细血管破裂外渗凝固而形成的小黑点，是跖疣的特点，可以和足部的鸡眼进行鉴别。

根据皮损特点和好发部位，多数病毒疣的临床诊断不难。有些不太典型的，可以通过皮肤镜乃至皮肤病理检查，和一些良性皮肤增生进行鉴别。

不管哪种病毒疣，都是由各种亚型的HPV感染所致。

【怎么防】

寻常疣最常见于手背、手指，扁平疣则好发于颜面、手背，共同点就是暴露部位好发。这说明一些轻微的外伤、摩擦是HPV感染的重要诱因。因此，预防这些病毒疣的第一招，就是要保护好皮肤，尽可能维护良好的皮肤环境，避免东摸西摸而不注意卫生。

通过各种方式让免疫系统趋于正常和平衡,是减少 HPV 感染的第二招。遗传因素很难改变,所以健康的生活方式是基础,包括心态平和、膳食均衡、适当运动和戒烟限酒。

HPV 疫苗主要是针对生殖器肿瘤和尖锐湿疣的预防。

【如何治】

良性病毒疣的治疗原则类似,主要根据部位、数目、大小和个人需求来选择。

比如有些人喜欢简单,追求短、平、快,疣的数目不是太多,对皮肤创伤有较高接受度,可考虑激光、微波、电离子、冷冻等物理治疗。

若部位特殊(如面部),希望损伤小、复发少,有足够耐心的,那内服外用当然是首选。其中临床上常用的有维 A 酸类及免疫调节剂等。5-氟尿嘧啶、鬼臼毒素等有一定腐蚀性,要注意使用方法。

皮疹久治不愈,且经济条件好,光动力治疗就是备选方案,但要注意细节,如治疗前预处理。

中医药制剂如平消片(胶囊),对于皮疹发得较多或容易复发的患者可以选用。

近年来,温热疗法成为一种新选择,通过对免疫系统的影响,副作用小且对部分病毒疣效果良好。

(朱敏刚)

(三) 色素痣

中国自古就有"痣相"一说,痣长得好可被称为旺夫痣、美人痣;长得不好,不但影响外观,还被认为影响"命运"。

门诊上就经常遇到患者有出于上述原因而要求祛痣的;有没有道理另说,但是人类奇妙的心理会以强大的力量来影响观感和行为。作为专业医生来讲,更多是从健康角度来考虑各种类型"痣"的潜在危害。

相信每个人身上的不同部位都多多少少会长有痣,但是《非诚勿扰2》里面的男主角李香山说过这样一句话:"以后有黑痣赶紧点了!"自此以后,"这些痣会不会转化为恶性?""现在要不要切除掉?"就成为很多"有痣"之士心中沉重的负担。那么是否所有的痣都会转变成恶性肿瘤?如果转变成恶性,会有什么变化呢?

首先,我们要认识什么是痣?痣在医学上称作痣细胞痣或黑素细胞痣,是表皮、真皮内黑色素细胞增多聚集引起的皮肤表现。如果是高出皮面的、圆顶或乳头样外观的或是有蒂的皮疹,临床上叫作皮内痣;略微高出皮面的多为混合痣;不高出皮面的是交界痣。相对而言,交界痣比皮内痣有更多恶变可能。

痣也有各种颜色,除了常见的黑色,也可以是棕色,甚至有些是皮肤色、蓝色。

很多痣开始是扁平的,后来逐渐隆起。在起初的 20 年内,它们会不断地生长,多数长得很慢,有的长到 1 cm 左右或更大,并且长出毛发。有些孩子一出生就有很大的痣(兽皮样痣),有的则比一般人有更多的痣。除了先天性痣,更多的痣是后天性的。另外,皮肤白皙的人更常见到痣。

科学统计,上述这些良性色素痣恶变的概率很低,所以我们大可不必谈痣色变。

大多数黑色素瘤一开始就是恶性的,并非由痣演变而来。

从人种上来说，白种人更常见，中国人的发病率很低，虽然近年来也有增高趋势。

如果您发现一颗痣颜色比较复杂、边缘不规则、形态上不对称、长得又比较大，那就要引起警惕。尤其是观察发现近期长得较快，应及时征求医生意见，结合皮肤镜或皮肤CT检查。

皮肤病理检查是诊断痣的金标准，并可以明确痣的类型。

【怎么防】

对于一般的色素痣，应该尽量避免刺激它，如摩擦、手抓和过度暴晒（这也是西方人皮肤癌发病率较高的一个重要原因），这些行为都会刺激痣细胞，促使其发生恶变。

而那些发生于腋窝、掌跖、肩部、腹股沟、腰部等容易被摩擦部位的色素痣，最好能及早切除，以防恶变。

皮肤镜检查是一种简便无创的好方法，可以结合临床判断痣的可能变化，对于暂时不考虑手术切除、又不太放心的色素痣，可以定期检查以及时评估。

【如何治】

激光和手术是最常用的两种治疗手段。

手术的优点是切除完整，不易复发，尤其对一些形态可疑的色素痣，还能通过病理检查排除各种皮肤癌。对于较大的色素痣，更是倾向于手术治疗。

目前物理治疗中首选超脉冲二氧化碳激光，优点是简单方便，价格也会比美容手术低很多，但有一定复发率。

如果反复使用冷冻、电灼、激光等物理方法祛除色素痣，反而更易于激惹痣细胞。所以，一般经两次激光祛痣还复发的，选择手术切除加病理检测则更安全。

有损伤就会有瘢痕可能,至于瘢痕是不是明显,取决于痣的深度和范围,以及个人体质和部位(张力)。面部损伤建议尽可能美容缝合。

激光或手术后尽量保持局部清洁干燥,避免继发感染。

至于一些路边店开展的药水点痣,或包装成什么"古法祛痣"之类,因为腐蚀性物质不能精准控制深度、范围,容易增加损伤和刺激,对其一定要慎之又慎!

(朱敏刚)

(四)太田痣

《水浒传》中,水泊梁山108条好汉声名显赫,其中有一位面貌特征明显的英雄——青面兽杨志。其一侧面部的青灰色或蓝灰色斑片,很符合太田痣的表现,也是民间所称各种"胎记"中比较显眼的一种。

1939年,日本学者太田正雄首先描述了该病,"一种波及巩膜及同侧面部三叉神经分布区域的蓝灰色斑状损害",又称眼上颚部褐青色痣。

那太田痣有些什么特点、该怎么应对?我们一起来梳理梳理。

本病是一种真皮色素增加性皮肤病,多见于黄色人种及黑色人种,色素性斑片常发生在上下眼睑、颧部、额颞部和鼻翼,主要是三叉神经第一支(眼支)和第二支(上颌支)所支配区域。

颜色可呈青、蓝、褐、灰、黑或紫色。同样的黑色素,为何会有如此丰富的色彩?这是因为"丁达尔现象",和部位深浅及光的反射有关。蓝色色素沉着比较弥漫,褐色常呈斑状或网状。

该痣多数在出生后不久发生（1岁内），部分则在青春期出现。在儿童期可有轻微褪色，但成年后色素沉着更明显，不会像蒙古斑一样自发性消退，且随着年龄增长可在斑片基础上发生蓝痣样丘疹。

除了皮肤，还会累及黏膜。如 2/3 患者同侧眼部的巩膜（眼白）蓝染，有些还会波及结膜、角膜、虹膜、眼底和球后组织；口腔内可影响上颚及颊黏膜。

虽然大多数是单侧，但也有 5%～10% 呈双侧分布。

少数患者会伴发青光眼、感觉神经性耳聋、颅内畸形甚至眼（虹膜）恶性黑色素瘤，或作为某个综合征的表现之一，需注意排查。

组织病理和蒙古斑、伊藤痣等真皮黑色素细胞增多症相似，表现为真皮黑色素细胞数量增多、树突增加、外形延长。只是伊藤痣分布于肩、上臂、锁骨上和颈侧；而蒙古斑主要在腰骶部和臀部；蓝痣则好发于四肢伸侧尤其是手足背，颜色更深且高出皮肤。

另外一种后天发生的颧部褐青色痣，又称获得性太田痣样斑，也属于真皮斑。在颧部等处可见 1～3 mm 蓝黑色或灰褐色斑点，类圆形，两侧对称分布，30～40 岁女性多见。

太田痣的发病原因尚无定论。许多专家推测在胚胎期，黑色素细胞由神经嵴向表皮迁移时受阻或凋亡异常。

女性发病率较高，所以可能受激素及激素受体影响。而分布常和神经支配区域一致，说明这些黑色素细胞的源头和相应神经有关。

【怎么防】

目前尚无有效预防对策。

【如何治】

虽然绝大多数太田痣并不引起不适，也极少发生恶变，但会对患者的容貌、心理和社交带来巨大影响，所以许多患者治疗需求强烈。

只是手术、冷冻、磨削等有创治疗常"杀敌一千，自损八百"，很可能留下难看的瘢痕。好在随着现代激光技术的发展，曾经的难题迎刃而解。

根据选择性光热作用理论，不同波长的激光可选择性地作用于不同的色基，高强度辐射能量精准作用于色素颗粒上，将其直接破坏，再通过淋巴系统排出体外，从而有效治疗太田痣等色斑。

目前常用的"去黑激光"有以下几种：

① Q 开关 1 064 Nd:YAG 激光（波长 1 064 nm，脉宽纳秒级）；
② Q 开关紫翠玉宝石激光（755 nm，纳秒级）；
③ Q 开关红宝石激光（694 nm，纳秒级）；
④ 皮秒激光（755 nm，1 064 nm，皮秒级）。

哪种激光最好？

每台设备各有其优缺点，每个人的情况也不一样。只要熟悉设备性能并掌握好适应证，这几种激光对于太田痣都效果不错。

治疗间隔不宜太短，因为术后数月甚至半年后，巨噬细胞对黑色素颗粒的吞噬、清除工作仍在进行，再次激光治疗时这"清道夫"因"黑化"而被作为靶目标受到攻击，进而导致忍辱负重的巨噬细胞被误伤。所以两次治疗间隔以半年以上为好，也可减少总治疗次数和费用。

对于 10 岁以下的儿童，能量选择应该降低。

治疗后会不会复发？的确有小部分患者会复发，相对而言深肤色和眼睑部位概率高些，这也和日晒、激素水平紊乱、治疗次数及面积不足、化妆品刺激、创伤、炎症等有关。

激光治疗太田痣后，有时会发现局部皮肤纹理和质地改善了，也就是产生面部年轻化效果。这可能主要是因为激光在祛斑的同时可促进真皮胶原蛋白增生；激光治疗后患者遵医嘱会更注重皮肤护理，如一直强调的保湿、防晒。这也充分说明了科学护肤的重要性，而且护肤是一个长期累积的过程，千万不要迷信某种神奇治疗或产品，而忽略日常护肤及健康生活方式。

（朱敏刚）

(五) 血管瘤/畸形

生活中偶尔会看到一些面部红色斑或者像"肉块"的疾病，通常称之为血管瘤。这是由于胚胎期间成血管细胞增生而形成的，是常见于皮肤和软组织内的先天性良性肿瘤或血管畸形，通常在婴儿出生时或出生后不久发生。血管瘤可发生于全身各处，其中大多数发生于颜面皮肤、皮下组织及口腔黏膜，少数发生于颌骨内或深部组织。女性多见，男女比例约为 1∶3～1∶4。

血管瘤分类有多种，根据疾病性质有良性、交界性和恶性之分。根据临床表现，常见的有：

1. 鲜红斑痣

该痣是由大量交织、扩张的毛细血管组成。表现为鲜红或紫红色斑块，与皮肤表面平齐或稍隆起，边界清楚，形状不规则，大小不等。以手指压迫时，颜色退去；压力解除后，颜色恢复。

2. 草莓状痣

该痣又称毛细血管瘤或单纯性血管瘤。损害为一个或数个,高出皮面,表面呈草莓状分叶,直径为2~4 cm,边界清楚,质软,呈鲜红或紫色,压之可退色。广泛损害的深部常并发海绵状血管瘤。

3. 海绵状血管瘤

该瘤是由扩大的血管腔和衬有内皮细胞的血窦组成。表现为大小不等的紫红、暗红或青红色结节或斑块,质软如同海绵状结构,因而得名。窦腔内充满静脉血,彼此交通。表面呈半球形或分叶状,挤压时体积可缩小。通常为单发。表浅的血管瘤,表面皮肤或黏膜呈青紫色;深部者,皮色正常。触诊时肿块柔软,边界不清,无压痛。

对于较表浅的血管瘤,医生根据临床表现即可诊断,也可做组织病理检查;对于发病部位较深或肿瘤巨大者,可进一步行超声波、磁共振检查或细针穿刺以明确诊断。颈部X线摄片对于了解深层瘤体大小、范围或瘤体是否侵袭颈椎或喉部软骨有一定价值。血管造影有助于了解血管瘤的营养支,可在血管瘤两端结扎供应血管,减少术中出血,有利于血管瘤全部切除。

根据临床表现、影像学检查和病理学检查,血管瘤一般不难诊断。穿刺瘤体对诊断很有帮助,如抽出血液,可初步诊断血管瘤。

部分良性血管瘤可自行消退,但其自然病程消退时间相对不确定,且常会残留不同程度的色素沉着或瘢痕。

【怎么防】

避免搔抓、挤压而导致破溃感染,穿着柔软衣物。发生于颜面者,注意对心理的影响。定期观察,有破溃出血等异常情况应及时就医。

【如何治】

现有的治疗方法(药物治疗、激光治疗、手术治疗)可使大部分患者达到良好的治疗效果。交界性或恶性血管瘤常因皮肤颜色改变或疼痛需要行手术治疗或药物治疗,恶性血管瘤在手术后需视情况进行放疗及化疗。

1. 药物治疗

(1) 局部外用药:局部外用药适用于浅表型婴幼儿血管瘤及其他良性血管瘤,常用药物为 β 受体阻滞剂(如普萘洛尔软膏、噻吗洛尔乳膏等)。外涂于瘤体表面,每天 2~4 次,持续用药 3~6 个月或至瘤体颜色完全消退。

(2) 局部注射用药:糖皮质激素主要适用于早期、局限性、深在或明显增厚凸起的血管瘤,有效表现为病灶体积缩小,甚至接近平坦。有报道因糖皮质激素的逆流,导致动脉栓塞缺血而引起并发症。博来霉素、平阳霉素及其他抗肿瘤药物在糖皮质激素效果不佳时,可以采用。

(3) 全身治疗:

口服普萘洛尔　目前剂量为每公斤体重每天 1.5~2 mg,分 2 次服用。治疗应在有经验的医师指导下进行。瘤体基本消退后(临床及超声检查结果评定),可考虑在 1 个月内逐渐减量至停药。

口服泼尼松　每公斤体重每天 3~5 mg(总量不超过 50 mg),治疗应在有经验的医师指导下进行。服药期间应停止疫苗接种,直至停药后 6 周以上。

西罗莫司　是一种哺乳动物雷帕霉素靶蛋白抑制剂,具有免疫抑制作用,主要应用于交界性血管瘤的治疗。

干扰素α　有一定的抗血管生成作用,主要应用于交界性血管瘤或其他药物治疗无效的婴幼儿血管瘤,为Kasabach-Merritt现象的一线治疗药物。干扰素α可能影响婴儿神经系统发育,造成不可逆的双侧瘫痪,不适用于8个月以下的婴儿。

2. 手术治疗

药物治疗失败、有可能影响容貌外观的血管瘤及有出血和溃疡等高危因素的血管瘤患者,就需要手术治疗。对于良性或交界性血管瘤,手术治疗不仅能达到根治效果,后期对于患者外观影响也非常小;对于恶性血管瘤,手术治疗是最重要的治疗手段之一,术前应谨慎评估是否存在远处转移及周围卫星灶,并且应根据血管瘤的部位及大小制定相应的手术方案,尽量减少术后并发症的可能。

3. 激光治疗

常用于浅表型血管瘤,可选择脉冲染料激光、倍频YAG激光等。激光治疗可以使血管闭塞,达到抑制瘤体增殖的目的,也可用于减轻血管瘤的颜色、治疗血管瘤溃疡和毛细血管扩张性红斑。

4. 放射治疗

可用于治疗良性或交界性血管瘤,可使血管生成停止、毛细血管闭塞,从而达到使血管瘤消退的目的。放射治疗在恶性血管瘤的治疗中有重要地位,可以减少恶性血管瘤术后复发的概率。

5. 化学治疗

主要应用于恶性血管瘤患者。血管肉瘤对于化疗中度敏感。常用的化疗药物有吉西他滨、多柔比星、达卡巴嗪等。上皮样血管内皮瘤较为罕见,目前以手术治疗为主,必要时可结合化疗,常用药物有吉西他滨、环磷酰胺、阿帕替尼、索拉菲尼等。

(杨永生)

(六)汗管瘤

经常有小伙伴照镜子时发现眼睛下面长出小颗粒,不痛不痒。这通常是一种叫汗管瘤的疾病,多见于女性,在青春期、妊娠及月经期病情加重,似与内分泌有一定关系。部分患者有家族史。

本病实质上为向小汗腺末端导管分化的一种错构瘤,就是说正常组织在发育过程中出现错误的组合、排列,因而导致类瘤样畸形。

本病好发于眼睑(尤其是下眼睑)及额部皮肤。皮损为粟粒大小、多发性、淡褐色丘疹,稍高出皮肤表面。少数患者为发疹性汗管瘤,除面部外,皮疹还可见于胸、腹、四肢及女阴部,分布广泛而对称。

组织病理检查表现为真皮浅层基底样细胞形成的囊腔样结构,腔内含无定形物质。最具特征性的表现是一端呈导管状,另一端为实体条索,形如逗号或蝌蚪。

根据临床表现不难诊断,不典型者可进行组织病理检查。

【怎么防】

避免日晒,女性患者注意调节内分泌。

【如何治】

本病为良性肿瘤,可不予治疗。若因美容需要,可采用电解治疗或二氧化碳激光治疗。

(杨永生)

（七）毛发上皮瘤

生活中，偶尔可能发现一些人的鼻唇沟周围有非常多的肉疙瘩，这是一种叫毛发上皮瘤的疾病，是起源于毛发的良性肿瘤。好发于面部鼻唇沟，女性多见。

一般认为本病可能起源于多潜能的基底细胞，是向毛发结构分化的良性肿瘤。可分为多发型和单发型。

1. 多发型

多为常染色体显性遗传，家中几代人都会出现，常见于女性，幼年发病。皮疹沿鼻唇沟对称分布，也可发生在鼻部、额部、眼睑及上唇。损害直径在 2～10 mm，为半球形透明的小结节，表面光滑，质地坚实，数量十个至数百个不等。小的损害可融合成较大结节。有时可见毛细血管扩张。损害可维持数年不变，无自觉症状。

2. 单发型

与遗传无关。发病年龄常在 20～30 岁左右，面部好发，肿物坚实、皮肤色，直径 5 mm 左右。

多发型和单发型毛发上皮瘤的病理结构相同。肿瘤位于真皮，可见基底样细胞肿瘤团块、许多毛乳头样结构和角囊肿，周边绕以结缔组织。

【怎么防】

无有效预防方法，避免搔抓刺激。

【如何治】

单发者可以手术切除，较小损害可用电灼、冷冻或激光治疗；多发者可试用皮肤磨削、二氧化碳激光或点阵激光等。

（杨永生）

(八) 皮脂腺痣

皮脂腺痣又名先天性皮脂腺增生、皮脂腺错构瘤,是一种先天性发育异常。除表皮、真皮和皮肤附属器参与形成外,常以皮脂腺增生为主。一般出生时即有,或在出生后不久,偶尔也会到成年期才发生。

皮脂腺痣的发生由常染色体上的 HRAS 和 KRAS 位点上嵌合突变所致。Jadassohn 皮脂腺痣为常染色体显性遗传。

本病好发于头皮或面部。损害常为单个发生。表现为略高出皮面的淡黄至黄色蜡样的圆形、卵圆形斑块,边缘不齐,表面平滑或呈颗粒状增生,无毛发。至青春期时明显隆起,因皮脂腺显著增加而黄色愈加明显。成年后,变成疣状或乳头状瘤样,质地坚实。

在青春期以前,皮脂腺痣几乎不会恶变,但到成年后,皮脂腺痣可发展为多种良、恶性肿瘤,最常合并的良性肿瘤是乳头状汗管囊腺瘤,基底细胞癌则是最常见的恶性肿瘤。

究竟该如何识别呢?

根据幼儿头皮或面部出现黄色至褐色、有时呈疣状的斑块,应疑及本病。皮肤镜检测可协助识别,组织病理检查可以确诊。

皮肤镜表现为圆形或卵圆形黄色、黄白色、乳白色或灰褐色结构,单独或聚集分布,黄色小叶样结构(多见于面部),可伴有黄色点、棕褐色点或粉刺样开口结构,皮损周边可围绕毛细血管结构,伴有裂沟。

【怎么防】

皮脂腺痣往往出生时或幼儿期即出现,与患者染色体上的基因突变相关,暂无有效的预防措施。

【如何治】

皮脂腺痣的治疗以早期激光、电切或手术切除为佳,一般在青春期前进行治疗,手术有效率最高,切除干净后很少复发。

(徐 峰)

(九) 疣状痣

疣状痣又名疣状表皮痣、表皮痣或线状表皮痣,主要表现为皮肤色至黑褐色边界清楚的乳头瘤状丘疹或斑块。一般患儿出生时期或幼儿期发病,极少数 10~20 岁出现,皮损大多在儿童期缓慢增大,青少年时期常达到稳定状态。

疣状痣的发生是表皮细胞发育过度致表皮局限性发育异常所致。其中,泛发型可呈显性遗传。

疣状痣主要表现为簇集性分布的皮肤色至黑褐色丘疹,融合为边界清楚的乳头瘤样斑块,常沿 Blaschko 线分布,排列成线形,患者往往无明显自觉症状。皱褶部位损害可发生浸渍和继发感染。

疣状痣可分为 3 型:

1. 局限型:位于头皮、躯干或四肢,通常为单发,单侧分布,故称单侧痣。

2. 炎症型或苔藓样型:常见于一侧下肢,有报道也可见于会阴及肛周,自觉瘙痒,表现为红斑、鳞屑和结痂,女性多见。

3. 泛发型:损害常多发,单侧或双侧分布。泛发型常并发其他先天性畸形,如牙齿发育异常、弯曲足、多指、屈指、骨骼畸形和中枢神经系统疾病如癫痫、精神发育迟缓和神经性耳聋等,这种多系统出现异常的状况又可称为表皮痣综合征。

疣状痣皮损的临床形态比较特殊，一般通过临床表现即可识别，也可借助于皮肤镜检测和组织病理检查协助诊断。

皮肤镜表现为皮损呈皮肤色、棕黄色、棕褐色或黑褐色小脑回样结构、玉米样结构或皮沟加深、皮嵴增宽；可有少许点状或线状血管。

【怎么防】

疣状痣往往出生时或幼儿期即出现，部分患者与遗传相关，暂无有效的预防措施。

【如何治】

疣状痣尚无特效的治疗方法，且应于病变稳定、停止扩大后再治疗，否则治疗部位附近会出现新皮损。当损害突然迅速增长、出现结节或溃疡时，应作组织病理检查以排除癌变。

1. 药物治疗

口服维A酸及外用维A酸、三氯醋酸、卡泊三醇擦剂等对部分患者有效，但常为暂时性，同时需注意药物相关不良反应。

2. 物理治疗

皮损面积较小时，可用激光、电灼、液氮冷冻、皮肤磨削等方法，但易复发。

3. 手术治疗

手术切除至深部真皮是最可靠的方法，然而不适用于病变广泛者。病变范围大时，需做切除后植皮。

（徐　峰）

(十) 皮赘

皮赘又名软纤维瘤，是一种有蒂的良性皮肤赘生物，主要发生于中老年人,男女均可罹患。

皮赘的病因尚不明确,但有肥胖、病毒感染、糖尿病等诱发因素者可能更容易患该病。

皮赘是一种良性赘生物,一般不具有传染性,可分为两型。

多发型:好发于颈部或腋窝,损害为小而有沟纹的丘疹,质软,1~2 mm,可呈丝状增长的柔软突起,也可呈多发性皱纹状小丘疹。

孤立型:好发于躯干下部、腹股沟等处,损害一般为单个带蒂丘疹、小结节,质软、无弹性,呈息肉样突起。

根据皮损的特殊形态,一般临床不难识别。同时皮肤镜和组织病理检查可辅助诊断。

皮肤镜表现为皮肤色、粉红色或紫红色的皮损,有蒂、皱缩,镜像摇摆征阳性,表面可见乳头状或脑回状结构,点状、树枝状、发夹状或迂曲血管呈雪花样分布。

【怎么防】

皮赘暂无有效的预防手段,可尝试通过控制体重、避免局部过度刺激、减少汗液浸渍等方法来减少其发生。

【如何治】

皮赘的治疗可用二氧化碳激光、电灼术、三氯醋酸点灼等,较大的皮赘可行手术切除。

(徐　峰)

(十一) 皮肤纤维瘤

皮肤纤维瘤是一种真皮成纤维细胞增生的良性真皮内结节,又名纤维性组织细胞瘤。

本病的发生一般认为与局部创伤或节肢动物叮咬有关,但其确切病因尚不明确。多发性发疹性皮肤纤维瘤可见于患有自身免疫性疾病、免疫力低下的患者。

皮肤纤维瘤可有以下几种表现:

1. 皮肤纤维瘤

较常见,一般为单个,但可多发达百个以上。损害为结节,直径数毫米至1 cm,一般不超过2 cm。质地坚实,高出皮面,呈扁球形或纽扣状,表面平滑,偶或呈疣状。初起为淡红色,渐变为暗红色、褐红色、棕黄色至褐黑色,甚至黑色。与表面皮肤粘连,但与深部组织不连,可推动,轻捏皮损时结节常部分下陷,称为"酒窝征"。通常无自觉症状,偶或有阵发性刺痛。可长期存在,少有自然消退的。

2. 组织细胞瘤

多见于成人,少数见于儿童。好发于四肢,较多见于上臂、背部或头面部。大多为单发,偶或多个,表现为直径数毫米的结节,质坚。表面初呈灰红色,渐变成暗红褐色或暗紫色,甚至黑色。

3. 硬化性血管瘤

好发于四肢,其次为躯干,损害与皮肤纤维瘤相似。

皮肤纤维瘤一般通过皮损形态可初步识别,但临床上容易与囊肿或色素痣伴纤维化的情况或隆突性皮肤纤维肉瘤等疾病混淆,因此需通过皮肤镜检测和组织病理检查来辅助诊断。

皮肤纤维瘤的皮肤表现形态多样,最常见的皮肤镜表现为皮损中央白色瘢痕样斑片或白色结构,外周纤细色素网络。

【怎么防】

如出现局部创伤,应及时清洁伤口,消毒,避免感染。户外穿长袖衣裤,避免蚊虫叮咬,发生叮咬后尽量不要搔抓,可减少皮肤纤维瘤的发生。

【如何治】

皮肤纤维瘤为良性病变,可不进行特殊治疗。如逐渐增大、症状明显或对美观有要求者、对其感到焦虑者,可行手术以彻底切除,否则易复发。

(徐 峰)

(十二)瘢痕疙瘩

瘢痕疙瘩是继发于皮肤外伤的异常瘢痕组织,实质上是一种皮肤纤维组织过度增生引起的良性皮肤肿瘤。

瘢痕疙瘩一般认为与个人体质、遗传因素有关,大多在外伤、手术或继发毛囊炎等皮肤病后引起,但部分患者无明确的外伤史,黄色人种与黑色人种比白色人种更容易形成瘢痕疙瘩。

本病好发于前胸、肩背部、颈部、下颌、下肢以及耳垂等张力大或皮脂腺丰富的部位,常表现为高出皮面、超出原皮损范围的结节状、条索状或片状肿块样组织,表面光滑,质硬,可呈蟹足样向周围持续生长。可出现瘙痒或疼痛症状。通常不会自愈。

一般通过病史及皮损形态即可识别。皮肤镜检测和组织病理检查可辅助诊断。

皮肤镜表现为皮损中央乳白色或皮肤色结构,可伴有蜂窝样、波纹样或网状色素沉着,点状、粗细不一的线状、树枝状或网状血管结构,皮损周边可有红晕或均质性棕褐色色素沉着,部分可见扩大的毛囊口中央伴束状毳毛或黑头粉刺。

【怎么防】

对于瘢痕疙瘩,预防比治疗更重要。尽量避免皮肤破损,如前胸、后背、耳垂、下颌等皮肤张力大的区域出现毛囊炎或伤口,应及时清洁、消毒、抗感染,积极治疗,尽量减少瘢痕的生成。如已形成瘢痕,应避免局部刺激,在早期及时使用硅敷贴或凝胶。同时保持生活规律,充分休息,远离烟酒,少吃辛辣刺激性食物等,养成健康良好的生活习惯,有利于预防瘢痕疙瘩的发生。

【如何治】

瘢痕疙瘩的治疗方法众多,综合治疗较单一疗法有效,但一般较难彻底消除,只能部分改善。

1. 药物治疗

糖皮质激素单独或联合 5-氟尿嘧啶局部注射,曲尼斯特、多磺酸黏多糖乳膏、积雪苷软膏等药物可单独或联合使用。

2. 手术+放射治疗

手术目前是难治性瘢痕疙瘩的重要治疗手段,但单纯手术治疗的复发率高,因此需在术后 24 小时内结合浅层放疗以减少瘢痕疙瘩的复发。

3. 压力疗法

手术后佩戴弹力绷带的压力疗法可以减少瘢痕疙瘩的再生。

4. 激光治疗

点阵激光可减少瘢痕局部张力,染料激光通过封闭局部血管,抑制或减少病变区血供,发挥抑制瘢痕的作用。

(徐 峰)

(十三) 基底细胞上皮瘤

基底细胞上皮瘤又名基底细胞癌,是最常见的皮肤低度恶性肿瘤,该肿瘤生长缓慢,极少转移,但高危型可破坏组织和器官,甚至危及生命。

日晒、慢性放射性皮炎、高龄、皮肤癌家族史、化学致癌物、免疫抑制等为基底细胞癌的发病危险因素。某些错构瘤如皮脂腺痣、乳头状汗管囊腺瘤以及烧伤后瘢痕和其他瘢痕上可发生基底细胞癌。

本病主要发生于老年人,好发于身体的暴露部位特别是面部,尤其是眼眦、鼻部、鼻唇沟和颊部。基本损害为针头至绿豆大、半球形、有蜡样光泽或半透明丘疹或结节,表现形态多种多样,大致有下列6型:

1. 结节溃疡型

较常见。损害一般为单个,初为针头或黄豆大,浅黄褐色或淡灰白色、有光泽或半透明丘疹或结节,表面光滑,质硬,以后缓慢增大,中央凹陷,表面糜烂或破溃,周围逐渐形成隆起卷曲的边缘。这是该病的典型临床形态,称之为侵蚀性溃疡。

2. 浅表型

少见。多见于男性。好发于躯干特别是背部,也见于四肢,头颈部较少见。损害一般为单发,也可多发,甚至达百个以上,表现为淡红色斑疹/斑片或扁平的丘疹/斑块,边界清楚,表皮菲薄,常有极薄糠状鳞屑或结痂,细的卷曲状边缘和数量不等的色素沉着,生长极慢,偶有向深部生长,发生硬化、溃疡或结节。患者有时自觉瘙痒。

3. 硬斑病样型

罕见。多发生于青年人,也见于儿童。好发于面部特别是颊部。损害单发,发生于外观正常皮肤或原先不适当治疗的基础上。表现为稍隆起甚至硬化凹陷的限界性浸润斑块,边界不清,呈不规则形或匐行状,灰白色至淡黄白色,表面光滑,常可透见毛细血管扩张,触之硬化,极像局限性硬皮病,生长缓慢,常长至数厘米直径后始为患者或医生所注意。

4. 瘢痕型

相当罕见。常发生于面部。损害为浅表性结节状斑块。生长缓慢,数年后可扩展至成人手掌大,甚或儿童头大,中央或周围部分虽可产生萎缩性瘢痕,但组织病理检查证明肿瘤仍然存在。

5. 色素型

在上述各型中出现色素沉着,灰白色至深黑色,但不均匀,边缘部分常较深,中央部分呈点状或网状分布。

6. 其他

另外还有纤维上皮瘤样基底细胞癌(Pinkus 纤维上皮瘤)、基底细胞痣综合征和痣样基底细胞癌综合征等。

依据病史及皮损形态初步疑诊的患者,可通过皮肤镜检测进行初筛,组织病理检查是明确诊断的金标准。

基底细胞癌的皮肤镜表现主要为大的蓝灰色卵圆形巢、多发性蓝灰色小球、叶状结构、轮辐样结构、树枝状血管和溃疡等。

【怎么防】

尽量减少或避免日晒,如户外活动注意防晒,注意避免电离子辐射,尽量避免长期接触沥青、焦油、砷化物、苯并芘等有害的化学物质。

【如何治】

本病的治疗应根据年龄、部位和皮损大小综合考虑。

1. 手术治疗

标准外科手术切除术适合低危型基底细胞癌,对大部分原发性基底细胞癌有效。高危型基底细胞癌选择莫氏(Mohs)显微外科手术可最大限度地保存正常组织,有效率更高,复发率低,并满足功能和美观需求。

2. 电干燥和刮除术

适合低危型基底细胞癌。

3. 放射治疗

对于存在手术禁忌证者,以及侵袭性或高危型基底细胞癌,尤其是有神经周围浸润者,放射治疗可作为辅助治疗。

4. 光动力治疗

可用于低危型基底细胞癌的治疗。

5. 激光治疗

浅表型基底细胞癌可试用激光治疗,但需定期随访。

6. 药物治疗

5-氟尿嘧啶、干扰素、白介素 2、咪喹莫特乳膏、靶向药物等可单独或联合应用,通常仅用于不能进行手术治疗的患者,联合治疗可提高有效率。

(徐　峰)

(十四) 黑色素瘤

黑色素瘤又名黑素瘤、黑素肉瘤,是黑色素细胞来源的一种恶性肿瘤,大多数起源于皮肤,也可以起源于黏膜(如口腔、结膜、外阴)、眼结膜以及软脑膜,恶性程度较高。

本病病因复杂,包括遗传、种族等因素。白色人种黑色素瘤发病最重要的环境因素就是紫外线照射。深肤色人群主要为肢端黑色素瘤,有数据统计部分患者与外伤相关。另一个明确的病因是色素痣恶变,主要发生于先天性色素痣。

黑色素瘤通常分为4型:

1. 恶性雀斑样痣黑色素瘤

该瘤主要发生于长期日光暴露的皮肤,最常见于面部,多见于老年人。通常为缓慢增长的、不对称的、褐色至黑色不均匀的斑疹。

2. 浅表扩散型黑色素瘤

该瘤是白色人种中最常见的一种皮肤黑色素瘤。损害常见于男性躯干和女性下肢。初为褐色、黑色扁平鳞屑性斑片或斑块,后发展成蓝色或者蓝黑色浸润性肿瘤。

3. 肢端雀斑样痣黑色素瘤

该瘤主要发生在亚洲人及非裔加勒比海人。其好发部位是肢端,主要是足底及甲,其中足跟是最常见的受累部位。甲下黑色素瘤易累及拇趾及拇指。通常表现为不对称、形态不规则的褐色至黑色斑疹,逐渐增大,表面色素不均匀。垂直生长期的肿瘤常出现溃疡、蓝色或者黑色结节。由于皮损不易被发现,往往较晚方被确诊,因此预后较差。黏膜黑色素瘤在形态上和肢端雀斑样痣黑色素瘤相似。

4. 结节性黑色素瘤

该瘤好发于躯干、头部和颈部,男性比女性更为多见。通常表现为蓝色至黑色的浸润性结节,有时为粉红色至红色,可能出现溃疡或出血,发展迅速,预后较差。

当发现不对称、边缘不规则、颜色多样、直径大于 5~6 mm、有进展扩大或破溃的褐色至黑色斑疹或斑块时,要警惕。可通过皮肤镜检测进行初筛,组织病理检查是明确诊断的金标准。

黑色素瘤在皮肤镜下的整体特征表现为不对称、多种颜色,局部特征包括不典型网状或负性色素网、不规则条纹、不规则点或球、不规则污斑、不规则血管、退行性结构及蓝白幕等,最常见的模式是多组分模式。肢端雀斑样痣黑色素瘤主要表现皮嵴平行模式。

【怎么防】

尽量减少或避免日晒,如户外活动时做好防晒。有黑色素瘤家族史的人群注意定期体检。对于色素痣,尤其是先天性色素痣,注意定期观察,如出现扩大增生、破溃或疼痛、瘙痒等症状,应及时就医,可行皮肤镜等无创检测进行筛查。

【如何治】

黑色素瘤治疗需严格按分期选择治疗方案。

1. 手术治疗

莫氏(Mohs)手术、扩大切除术、淋巴结清扫术、截肢、姑息性切除术等。

2. 药物治疗

化疗药物、靶向药物、免疫检查点抑制剂、干扰素、白介素-2、溶瘤病毒、卡介苗、咪喹莫特等。

3. 其他治疗

放疗、激光治疗等。

(徐　峰)

四、以疱疹为主

这里主要介绍单纯疱疹和带状疱疹 2 种。

(一) 单纯疱疹

单纯疱疹是由单纯疱疹病毒(HSV)引起的一种感染性皮肤病,可分为原发性和复发性 2 种类型。可通过接吻、其他密切接触方式传染。本病有自限性,但易复发。

最好发的部位是口角、口周、鼻周、面颊部等。皮损是簇集或散在分布的水疱,水疱破溃后会出现糜烂、渗液、干燥、结痂,可伴有疼痛、烧灼感、麻刺感和瘙痒,可能伴有发热、肌肉酸痛、颈部淋巴结肿大等。

本病由单纯疱疹病毒感染所致。单纯疱疹病毒主要分为 I 型单纯疱疹病毒(HSV-1)和 II 型单纯疱疹病毒(HSV-2)。HSV-1 型是引起单纯疱疹的主要类型,可通过接吻、接触被污染的物品和空气飞沫等传播。HSV-2 型是生殖器疱疹的主要类型,通过性接触传播。患者在感染后可发生临床症状,随后病毒潜伏在人体内,当患者出现某种诱因如劳累、受凉、精神压力大、免疫力低下等,症状可再次发作。

对可疑患者可抽血进行单纯疱疹病毒抗体检测,其中 HSV-IgM 抗体有辅助诊断价值。此外,可对患者疱液内的病毒进行培养,或在病变处刮取少量组织放到显微镜下观察,如发现多核巨细胞中有包涵体,说明为病毒感染。

一般通过询问病史、观察特征性的典型疱疹可作出诊断。必要时可能需要做血清抗体检测、病毒培养鉴定或细胞学检查。

【怎么防】

应避免已知的诱使病毒复发的因素,如避免劳累、熬夜,避免情绪紧张和精神压力过大等,注意休息,加强营养,提高机体免疫力。不要和发生疱疹感染的患者有密切的身体接触或性接触,如不要与他人共用餐具、毛巾等物品。

【如何治】

部分患者可自行恢复,但病情严重者可给予抗病毒药物治疗。常用抗病毒药物有阿昔洛韦、伐昔洛韦、泛昔洛韦口服。外用药物以抗病毒、收敛、干燥和防治继发细菌感染为主,可选用阿昔洛韦软膏;如继发感染,可外用夫西地酸乳膏、莫匹罗星软膏;如局部有渗出者,可予3%硼酸溶液或康复新液湿敷。

(张成锋 徐中奕)

(二)带状疱疹

带状疱疹是由水痘-带状疱疹病毒(VZV)感染引起的急性疱疹性皮肤病,常沿一侧周围神经作带状分布,伴神经痛。

在将要发生皮损的部位常常先有神经痛、痒感或皮肤感觉异常,常可历时1周或更长。痛是带状疱疹的典型症状,疼痛性质多样,可为烧灼样、电击样、刀割样、针刺样或撕裂样。皮损表现为在炎性红斑上发生成群的绿豆大小水疱,也可发生丘疹、大疱、血疱甚至坏死,各群皮疹之间皮肤正常。水疱干涸、结痂脱落后留有暂时性淡红斑或色素沉着。皮损常沿外周神经在身体一侧呈带状分布,一般不超过中线。可伴有局部淋巴结肿大、压痛,有时伴有发热、头痛等全身症状。

带状疱疹的病因是水痘-带状疱疹病毒再激活引起的感染

性皮肤病。

本病根据典型临床表现即可做出诊断，通常不需要进行相关检查；如果需要，可能涉及的检查项目为水痘-带状疱疹病毒 DNA 或抗体检查，组织中寻找多核巨细胞或核内包涵体等。

带状疱疹的诊断主要依据临床表现，如典型的成簇水疱、排列呈带状或近似带状、沿着周围神经分布、单侧性、伴有神经痛等特点。

【怎么防】

带状疱疹患者应采取接触隔离措施，水痘和免疫功能低下的播散性带状疱疹患者还应采取呼吸道隔离措施直至皮损全部结痂。接种带状疱疹疫苗是预防带状疱疹的有效措施。2020年6月，重组带状疱疹疫苗（RZV）在我国正式上市，推荐用于50岁及以上免疫功能正常的人群接种以预防带状疱疹。

【如何治】

带状疱疹以缓解急性期疼痛、缩短皮损持续时间、防止皮损扩散、预防或减轻疱疹后神经痛等并发症为治疗目标。阿昔洛韦、伐昔洛韦、泛昔洛韦、溴夫定和膦甲酸钠是临床治疗带状疱疹常用的抗病毒药物。轻中度疼痛可选用对乙酰氨基酚、非甾体类抗炎药或曲马多；中重度疼痛可使用治疗神经病理性疼痛的药物，如钙离子通道调节剂加巴喷丁、普瑞巴林等，三环类抗抑郁药阿米替林等。重症患者可在带状疱疹急性发作 3 天内系统应用糖皮质激素。局部治疗以干燥、消炎、防止继发感染为主，可以使用复方锌铜溶液在皮肤表面作湿敷。眼部的带状疱疹可以使用 3% 阿昔洛韦溶液滴眼。物理疗法包括紫外线局部照射、音频电疗法和氦氖激光照射等。

(张成锋　徐中奕)

五、以毛囊性丘疹、小脓疱为主

这里主要介绍以下 5 种病症：

痤疮、玫瑰痤疮(酒渣鼻)、口周皮炎、毛囊虫皮炎、粟丘疹。

(一) 痤疮

痤疮俗称青春痘，是一种好发于青春期并主要累及面部的毛囊皮脂腺单位慢性炎症性皮肤病，中国人群截面统计痤疮发病率为 8.1%。但研究发现超过 95% 的人会有不同程度痤疮发生，3%～7% 痤疮患者会遗留瘢痕，给患者身心健康带来较大影响。

痤疮发病机制仍未完全明了。遗传背景下激素诱导的皮脂腺过度分泌脂质、毛囊皮脂腺导管角化异常、痤疮丙酸杆菌等毛囊微生物增殖及炎症和免疫反应等均与之相关。遗传因素在痤疮尤其是重度痤疮发生中起到重要作用；雄激素是导致皮脂腺增生和脂质大量分泌的主要诱发因素，其他如胰岛素样生长因子-1(IGF-1)及胰岛素、生长激素等激素也可能与痤疮发生有关；皮脂腺大量分泌脂质被认为是痤疮发生的前提条件，但脂质成分的改变，如过氧化鲨烯、蜡酯、游离脂肪酸含量增加，不饱和脂肪酸比例增加及亚油酸含量降低等也是导致痤疮发生的重要因素；痤疮丙酸杆菌等毛囊微生物通过天然免疫和获得性免疫参与痤疮的发生、发展。毛囊皮脂腺导管角化异常、炎症与免疫反应是痤疮的主要病理特征，且炎症反应贯穿疾病的全过程。

毛囊微生物和/或异常脂质通过活化Toll样受体（TLRs）进而产生白介素1L-la及其他有关炎症递质，1L-la目前认为是皮脂腺导管角化和粉刺形成的主要因素。随着疾病发展，脂质大量聚集导致嗜脂及厌氧的痤疮丙酸杆菌进一步增殖，获得性免疫被激活。不断加重的炎症反应诱发毛囊壁破裂，脂质、微生物及毛发等进入真皮，产生异物样反应。痤疮皮损消退后常遗留红斑、色素沉着及瘢痕形成，这与痤疮严重度、个体差异或处理不当密切相关。

痤疮分级是痤疮治疗方案选择及疗效评价的重要依据。目前国际上有多种分级方法，主要依据皮损性质将痤疮分为3度、4级。即，轻度（Ⅰ级）：仅有粉刺；中度（Ⅱ级）：有炎性丘疹；中度（Ⅲ级）：出现脓疱；重度（Ⅳ级）：有结节、囊肿。

【怎么防】

限制高糖和油腻饮食及奶制品尤其是脱脂牛奶的摄入，适当控制体重、规律作息、避免熬夜及过度日晒等均有助于预防和改善痤疮发生。此外，痤疮尤其是重度痤疮患者易出现焦虑和抑郁，需配合心理疏导。

痤疮患者皮肤常伴有皮脂溢出，皮肤清洁可选用控油保湿清洁剂，去除皮肤表面多余油脂、皮屑和微生物的混合物，但不能过度清洗，忌挤压和搔抓。清洁后，要根据患者皮肤类型选择相应护肤品。油性皮肤宜选择控油保湿类护肤品；混合性皮肤T区选择控油保湿类，两颊选择舒敏保湿类护肤品；在使用维A酸类、过氧化苯甲酰等药物或物理、化学剥脱治疗时易出现皮肤屏障受损，宜选择舒敏保湿类护肤品。此外，应谨慎使用或选择粉底、隔离霜、防晒剂及彩妆等化妆品，尽量避免化妆品性痤疮发生。

【如何治】

1. 外用药物治疗

外用药物治疗是痤疮的基础治疗,轻度及轻中度痤疮可以以外用药物治疗为主,中重度及重度痤疮在系统治疗的同时辅以外用药物治疗。

维A酸类药物,可首选应用,具有改善毛囊皮脂腺导管角化、溶解微粉刺和粉刺、抗炎、预防和改善痤疮炎症后色素沉着和痤疮瘢痕等作用。此外,还能增加皮肤渗透性,在联合治疗中可以增加外用抗菌及抗炎药物的疗效。

外用维A酸类药物可作为轻度痤疮的单独一线用药、中度痤疮的联合用药以及痤疮维持治疗的首选。常用药物包括第一代的全反式维A酸和异维A酸及第三代维A酸药物如阿达帕林和他扎罗汀。阿达帕林具有更好的耐受性,通常作为一线选择。

过氧化苯甲酰,可缓慢释放出新生态氧和苯甲酸,具有杀灭痤疮丙酸杆菌、抗炎及轻度溶解粉刺作用,可作为炎性痤疮的首选外用抗菌药物,可单独使用,也可联合外用维A酸类或抗生素使用。药物有2.5%~10%不同浓度及洗剂、乳剂或凝胶等不同剂型可供选择。使用中可能会出现轻度刺激反应,建议从低浓度开始,进行小范围试用。过氧化苯甲酰释放的氧自由基可以导致全反式维A酸失活,两者联合使用时建议分时段外用。

抗生素类,具有抗痤疮丙酸杆菌和抗炎作用的抗生素可用于痤疮的治疗。常用外用抗生素包括红霉素、林可霉素及其衍生物克林霉素、氯霉素、氯洁霉素及夫西地酸等。常和过氧化苯甲酰、外用维A酸类或者其他药物联合应用。

其他如不同浓度与剂型的壬二酸、二硫化硒、硫黄和水杨酸等药物具有抑制痤疮丙酸杆菌、抗炎或者轻微剥脱作用，临床上也可作为痤疮外用药物治疗的备选。

2. 内用药物治疗

针对痤疮丙酸杆菌及炎症反应选择具有抗菌和抗炎作用的抗菌药物，是治疗中、重度痤疮常用的系统治疗方法。规范抗菌药物的痤疮治疗十分重要，不仅要保证疗效，更要关注耐药性的产生，防止滥用。

首选四环素类药物如多西环素、米诺环素等。四环素类药不能耐受或有禁忌证时，可考虑用大环内酯类如红霉素、罗红霉素、阿奇霉素等代替。

口服维 A 酸类药物具有显著抑制皮脂腺脂质分泌、调节毛囊皮脂腺导管异常角化、改善毛囊厌氧环境，从而减少痤疮丙酸杆菌繁殖以及抗炎和预防瘢痕形成等作用，是目前针对痤疮发病 4 个关键病理生理环节唯一的口服药物。目前该药是结节囊肿型重度痤疮的一线治疗药物。其他治疗方法效果不好的中度或中重度患者亦可选用。

目前口服维 A 酸类药物包括异维 A 酸和维胺酯。异维 A 酸是国内外常规使用的维 A 酸类药物，可作为首选。维胺酯是我国自行研制生产的第一代维 A 酸类药物。

异维 A 酸的不良反应常见，最常见的是皮肤黏膜干燥和口唇干燥，少见反应包括肌肉骨骼疼痛、血脂升高、肝酶异常及眼干燥等。异维 A 酸有明确的致畸作用，育龄期女性患者应在治疗前 1 个月、治疗期间及治疗结束后 3 个月内严格避孕。

少数特殊情况下需采用雌激素制剂或糖皮质激素制剂，但需在专业人员的指导下使用。

3. 物理与化学治疗

物理与化学治疗主要包括光动力、红蓝光、激光与光子治疗、化学剥脱治疗等,作为痤疮辅助或替代治疗以及痤疮后遗症处理的选择。

(黄　雯)

(二)玫瑰痤疮(酒渣鼻)

玫瑰痤疮(酒渣鼻)是一种好发于面中部,主要累及面部血管、神经及毛囊皮脂腺单位的慢性复发性炎症性疾病。国际患病率平均为 5.46%。在国内,2019 年一项 10 095 例长沙市社区居民调查结果显示,该地区玫瑰痤疮患病率为 3.48%;2020 年两所大学共 9 227 名大学生人群流行病学调查显示,玫瑰痤疮患病率为 3.4%。玫瑰痤疮的主要临床表现为面部皮肤阵发性潮红、持续性红斑或丘疹、脓疱、毛细血管扩张等,少数患者可出现增生肥大及眼部病变。该病好发于 20~50 岁女性,但儿童和老年人同样可以发病。

怎么发病的呢? 通常认为玫瑰痤疮可能是在一定遗传背景基础上,由多种因素诱导的以天然免疫和神经血管调节功能异常为主导的慢性炎症性疾病。发生机制主要有以下几个方面。

1. 遗传因素

部分玫瑰痤疮患者存在家族聚集性。神经血管调节功能异常被认为在玫瑰痤疮发病中起重要作用。精神因素如抑郁、焦虑及 A 型性格在一定程度上参与玫瑰痤疮的发生、发展,与神经源性炎症的机制关系密切。

2. 天然免疫功能异常

天然免疫反应异常激活在本病炎症形成中发挥重要作用。各种外界因素如紫外线、病原生物定植或感染等可加重炎症反应和诱导血管生成，导致玫瑰痤疮炎症反应的发生、发展。

3. 皮肤屏障功能障碍

有研究表明，玫瑰痤疮患者面颊部皮损处角质层含水量下降，多数患者皮脂含量减少，经皮水分丢失增加；皮损处乳酸刺激反应的阳性率显著高于正常人，提示皮肤敏感性增高。玫瑰痤疮皮肤屏障功能障碍多源于疾病本身的炎症损害以及环境因素、不恰当的外用药物、护肤品或光电治疗等的影响。

4. 微生态紊乱

大量毛囊蠕形螨可通过免疫反应加重炎症过程，特别是在丘疹、脓疱及肉芽肿为主要表现的玫瑰痤疮发病过程中起到重要作用。研究表明，毛囊蠕形螨减少与玫瑰痤疮症状改善存在相关性，其他微生物如痤疮丙酸杆菌、表皮葡萄球菌、马拉色菌、肺炎衣原体以及消化道幽门螺旋杆菌都可能在一定程度上参与发病过程。

5. 其他

除上述因素外，获得性免疫功能异常、温度变化等也可能在一定程度上参与玫瑰痤疮的发生、发展。

玫瑰痤疮好发于面中部隆突部位，如颧部、颊部、眉间、颏部及鼻部等，部分可累及眼和眼周，少数可发于面部以外部位。既往将玫瑰痤疮分为红斑毛细血管扩张型、丘疹脓疱型、增生肥大型和眼型 4 种亚型，但不同类型也可合并存在或相互转换，因此，建议根据不同的皮损表现对疾病进行评判。玫瑰痤疮的临床表现主要有以下几个方面。

1. 阵发性潮红

可在数秒至数分钟内发生,以响应触发因素(如温度变化、日晒、情绪改变或辛辣刺激食物等)对神经血管的刺激。面颊部阵发性潮红在国人群体中可高达99.6%。深肤色人群可能不易察觉潮红。潮红发作时,患者可能会感到灼热、刺痛等不适。有些情况下,特别是深肤色患者,可以主观感受到潮红发作的灼热感,但看不到明显的红斑。

2. 持续性红斑

指面部皮肤持续性发红,可随外界刺激因素而周期性加重或减轻,但不会完全自行消退,这是玫瑰痤疮最常见的表现,也是诊断的必要条件。但轻度的持续性红斑在深肤色人种中可能不明显,必要时可配合皮肤镜等辅助检查。

3. 丘疹、脓疱

典型的表现是圆顶状的红色丘疹,针头大小的浅表脓疱,也可能会出现小结节。

4. 毛细血管扩张

在浅肤色患者中较多见,在肤色较深的患者中可能不易察觉。使用皮肤镜等检查可以帮助判断。

5. 增生肥大

主要表现为皮肤增厚、腺体增生和球状外观。鼻部是最常出现增生肥大的部位,但这一改变也可发生于其他面中部隆突部位。

除上述主要表现外,灼热感或刺痛感等自觉症状在患者中也较为常见,特别是在阵发性潮红发作时,可能会更加明显。面部水肿可能伴发或继发于红斑或潮红,是长期皮肤炎症引起毛细血管或淋巴管通透性增加、组织液外渗所致。眼部症状,近1/3患者可能出现睑缘丘疹、脓疱、毛细血管扩张、眼睑结膜充血、局部角膜基质浸润或溃疡、巩膜炎和角膜巩膜炎,眼睛异物感、光敏、视物模糊以及灼热、刺痛、干燥或瘙痒等。

如何判断是玫瑰痤疮呢?目前以《2017版全球玫瑰痤疮专家共识》为国际通用标准,提出面中部可能周期性加重的持续性红斑及增生肥大改变为玫瑰痤疮的2个诊断性特征,符合1条及以上就可以诊断玫瑰痤疮;阵发性潮红、丘疹和/或脓疱、毛细血管扩张和部分眼部表现(睑缘毛细血管扩张、睑缘炎、角膜炎、结膜炎和角膜巩膜炎等)为玫瑰痤疮的主要特征,2条及以上的主要特征可提示玫瑰痤疮诊断。诊断中需要排除其他诱因引起的阵发性潮红或持续性红斑。

玫瑰痤疮的辅助检查手段有限,需要结合临床表现进行综合诊断和评价。

皮肤镜:红色或者紫红色背景上的多角形血管是皮肤镜下玫瑰痤疮的诊断线索。

反射式共聚焦显微镜:可表现为表皮萎缩变平及程度不一的海绵水肿,沿着毛囊皮脂腺单位向下的指状棘层增生及毛囊皮脂腺单位直径增大,大量扩张卷曲的血管(多为水平方向的血管扩张)。

【怎么防】

对时有面部特别是面中部泛红者,应注意保持心态平和,尽量避免激动、烦躁。外出时尽量做好防晒措施。饮食方面,忌用辛辣刺激性食物和饮料。

【如何治】

目的是缓解或消除临床症状，减少或减轻复发，提高患者生活质量。

玫瑰痤疮不同皮损表现治疗方案的选择：

（1）持续性红斑：轻度持续性红斑无需特殊药物治疗，只需修复皮肤屏障、做好防晒、稳定情绪等。

中重度持续性红斑，口服多西环素、米诺环素、羟氯喹等对于红斑的消退具有一定的作用。配合使用修复皮肤屏障的保湿类护肤品。在皮损稳定期，可考虑使用 IPL、PDL 或 Nd:YAG 激光治疗毛细血管扩张，从而达到减轻红斑的作用。射频修复治疗也可用于非肿胀型玫瑰痤疮的红斑治疗，具有较好的疗效。伴有明显肿胀、灼热的患者，可选用 LED 红黄光治疗缓解肿胀。

持续性红斑伴明显阵发性潮红或灼热的患者，除了上述治疗外，可考虑服用卡维地洛。对有明显焦躁、忧郁、失眠等的患者，可在心理科或精神科医生指导下短期服用抗抑郁药物。

（2）丘疹、脓疱：可选用甲硝唑、壬二酸、克林霉素、红霉素或伊维菌素外用制剂。皮疹较重者，联合口服多西环素或米诺环素或羟氯喹，也可服克拉霉素、阿奇霉素或甲硝唑。若上述药物效果不佳，可改用口服异维 A 酸治疗。

（3）毛细血管扩张：在丘疹脓疱或红斑的炎症控制较稳定的情况下，选择使用 IPL、PDL 或 Nd:YAG 激光治疗毛细血管扩张。

（4）增生肥大：首选口服异维 A 酸胶囊。对伴有毛细血管扩张者，可使用 PDL、长脉宽 Nd:YAG 激光、IPL 或外科划痕术。对形成结节状肥大者，可使用二氧化碳激光、铒激光治疗或外科切削术及切除术。

（5）眼部症状：多数伴有眼部症状的玫瑰痤疮患者，在系统治疗以缓解皮肤症状的同时，眼部症状也会相应缓解。必要时需请眼科医师会诊。

（黄　雯）

(三) 口周皮炎

口周皮炎是一种较常见的慢性复发性面部皮肤炎症性疾病，患者多为 15～45 岁女性，儿童也有发病。皮损一般局限于口周、鼻唇沟、颏部，以口周唇缘 5 mm 外的红斑、丘疹、脓疱为主要表现。

本病病因不明，可能与下列因素有关。

（1）局部应用糖皮质激素：部分患者发病前可有糖皮质激素局部应用史，在口周皮炎发生后，应用糖皮质激素药膏有一定效果，但停药后常复发，且症状较之前加重。糖皮质激素吸入给药后亦可诱发口鼻部的口周皮炎。

护肤用品的使用不当导致表皮屏障功能受损，角质层细胞水肿，表皮水分流失增加，皮肤紧绷干燥，从而再加用护肤用品，产生恶性循环，诱导疾病发生。这可能与护肤用品中的石蜡、十四酸异丙酯有关。

（2）内分泌改变：部分患者于月经期或妊娠期发病。口服避孕药与该病的发病可能有关。

（3）接触过敏：患者多用含氟及酒石酸的牙膏、化妆品；化纤物质及花粉斑贴试验结果常阳性。

（4）其他：胃肠功能紊乱、精神压力以及一些物理因素如日光紫外线、热和风等的影响均可能致病。

皮损主要位于"口罩区",即口周、鼻唇沟及颏部,有时可累及下眼睑。典型特征为皮损围绕口周分布,与唇缘有一约 5 mm 的正常皮肤带,上下唇从不累及。初始为边界清楚的红斑和小丘疱疹,而后发展为毛囊性丘疹、脓疱性丘疹。皮损可发生融合,常伴有弥漫性红斑,鳞屑较少,邻近正常皮肤一般较干燥。

患者常有轻度烧灼感和疼痛,皮肤紧绷感、瘙痒程度不一。

【怎么防】

面部皮肤的清洁保养中尽量不用劣质护肤品,特别是含激素产品。日常生活中保持良好心态及正常胃肠功能。勿久用含氟牙膏。

【如何治】

严重时可以涂抹激素药膏,或者钙调磷酸酶抑制剂乳膏,好转后涂抹滋润霜以修复巩固。

(黄 雯)

(四) 毛囊虫皮炎

本病是指因蠕形螨寄生在毛囊皮脂腺内而引起的一种慢性皮肤炎症。

寄生人体的有毛囊蠕形螨(*Demodex folliculorum*)和脂形螨(*D. brevis*)两种。蠕形螨体细长,呈蠕虫状,体长 0.1~0.4 mm。躯体的前部有腭体和足,螯肢呈短针状。毛囊蠕形螨多寄生于鼻、眼睑和其他处的毛囊内,常是许多个体集中一处,被寄生的毛囊常涨大;脂形螨多寄生在皮脂腺中,常单个存在,可使皮脂腺分泌增多。雌虫交配后产卵于毛囊皮脂腺内,再经孵化、化蛹而变为成虫,可存活 2 周左右。蠕形螨可能以细胞碎屑及细菌为食。

这种螨在 5 岁以下儿童中少见,但在少年、青年及成人中则常见。其寄居部位限于面、颈及胸部,以前额、颊及鼻部最多见。

由于宿主的个体差异,从而影响毛囊蠕形螨的生活环境,致使人体对螨的感染表现出不同反应,即部分人可出现临床症状,而另有部分人则无任何临床症状。

本病主要表现为毛囊性栓塞伴细小白色鳞屑,或者是红斑及脓疱,伴干性脱屑。主要累及面部中部,头面部及其他部位也可受累。

蠕形螨在一些特殊的顽固性睑缘炎中亦可起一定的作用。

挤压扩大的毛囊口,将挤出物置显微镜下,可发现蠕形螨。

【怎么防】

尚无特殊有效的预防方法。

【如何治】

外搽含硫黄或萘酚的制剂有效。5％硫黄、5％过氧化苯甲酰洗剂外搽,一般连用 3 天,可使蠕形螨死亡。8％甲硝唑霜外搽或甲硝唑内服,亦具有良好效果。

(黄　雯)

(五) 粟丘疹

本病亦称白色痤疮,系起源于表皮或附属器上皮的潴留性囊肿。

可发生于任何年龄、性别,也见于新生儿。

有两种类型:一种为原发性,从新生儿开始发生,从未发育的皮脂腺形成,损害可自然消失;另一种为继发性,常发生在炎症后,可能与汗管受损有关。可在阳光照射后、Ⅱ度烧伤、大疱性表皮松解症、迟发型皮肤卟啉病、大疱性扁平苔藓、疱疹样皮炎、天疱疮、类天疱疮和X线照射后等情况下发病。损害呈乳白色或黄色针头至米粒大的坚实丘疹,顶尖圆,上覆以极薄表皮。常见于眼睑周围、颊、额、外耳、包皮与阴囊,小阴唇内侧和婴儿唇与颏部等处,疏散分布,无自觉症状。继发性损害多分布于原有皮损周围。发展缓慢,可持续数年,最后自然脱落,无瘢痕形成。个别损害中可有钙盐沉积,硬如软骨,损害增大时呈暗黄色。

【怎么防】

尚无有效的预防方法。

【如何治】

一般容易识辨。治疗时局部以75%酒精消毒,用针挑破丘疹表面的表皮,再挑出白色颗粒即可。

（黄　雯）

六、以色素异常为主

这里主要介绍以下7种病症:

雀斑、黄褐斑、黑变病、皮肤异色病、白癜风、白化病、白色糠疹。

(一) 雀斑

雀斑是发生在面部的一种色素增加性皮肤病。通常在鼻部和两颊可见针尖样黄褐色至深褐色的斑点,这些斑点形似雀卵上的斑点,散在或群集分布。通常于学龄前儿童面部出现,并可随年龄的增长缓慢增加。引起雀斑的原因有很多,特别是遗传在雀斑的发病中起主要的作用。雀斑为常染色体显性遗传,具有家族聚集性,父母任意一方患有雀斑,子女将有一半的概率发病,如父母双方均患病,则这个概率提升至 3/4。除遗传外,日晒光照也可以诱发、加重雀斑,使得色斑的颜色加深、数目增多。

雀斑通常使用肉眼观察即可确诊。一般情况下,肤色白皙的人更容易患有雀斑。此病需与日光性雀斑样痣、褐青色痣、咖啡斑等相鉴别。日光性雀斑样痣多见于裸露位置的皮肤,颜色较深,分布稀疏。组织病理学表现为基底层黑色素细胞数目的增多,表皮内黑素增多。褐青色痣多分布于额部、鼻部、颧部,皮损为圆形或不规则融合的斑点至斑片,成黑灰色,多发于中年女性,在真皮层可见上部散在的黑色素细胞,内富含黑色素小体。咖啡斑多发于幼年,淡褐色卵圆形或不规则形的斑,边界清晰,通常皮损较雀斑更大,一般不会随着季节的更替而变化。

【怎么防】

避免日光暴晒、采取防晒措施均可以减缓雀斑的发生与加重。

【如何治】

对于已经发生的雀斑一般无需处理。如果患者认为对面容影响较大,则可以进行激光或强脉冲光治疗,效果很好,但仍有复发可能。

(王金奇　陈向东)

(二) 黄褐斑

黄褐斑又称为肝斑、蝴蝶斑,是一种常见于有色人种中青年女性的色素增多性疾病。患者多出现颜面部对称性的淡褐色至深褐色斑片样的皮损，尤其常见于面颊、颧部、颞部、额部等。

多种因素可以诱发黄褐斑的发生。目前的研究认为体内激素、日晒、药物、生活作息与遗传均可能诱发黄褐斑的发生。

内分泌异常是诱发黄褐斑的重要因素，如妊娠、口服避孕药及激素替代治疗均可能引发或加重女性的黄褐斑。日光照射则可以通过日光中的紫外线直接刺激黑色素细胞，促进黑色素的合成，从而引发黄褐斑。另外，不恰当的护肤习惯、劣质的重金属含量超标的护肤品、甲状腺疾病、烹饪等热接触都可能导致黄褐斑。

对于黄褐斑的检查多采用肉眼进行观察判断，皮肤镜、皮肤CT、伍德氏灯等辅助检查也有助于黄褐斑的诊断。在皮肤镜下，黄褐斑处可出现均匀一致的褐色斑片或斑点，可伴有毛细血管网的增生与毳毛的增粗变黑。

黄褐斑通常要与获得性太田样痣、咖啡斑等相鉴别。获得性太田样痣多分布于额部、鼻部、颧部，皮损为圆形或不规则的斑点至斑片，呈黑灰色至青灰色，多发于中年女性，在真皮层可见上部散在的黑色素细胞，内富含黑色素小体。咖啡斑多发于幼年，表现为淡褐色卵圆形或不规则形的斑，边界清晰。

【怎么防】

对于有黄褐斑家族史的人来说，黄褐斑的预防更为重要。首先要避免强烈、频繁的日照，避免使用汞、铅等含有重金属的劣质化妆品，避免服用引起性激素水平改变的药物。同时保持良好的心情与作息。其次，要养成良好的护肤习惯。加强保湿，使用含有透明质酸、神经酰胺、胆固醇以及游离脂肪酸的保湿霜可以很好地维护皮肤屏障的结构与功能。日常外出需做好防晒工作，应涂抹防晒霜或者采用遮挡性的防晒措施。另外，可以外用一些含有甘草提取物、维生素 C、苯乙基间苯二酚、谷胱甘肽、氨甲环酸等美白成分的护肤品。

【如何治】

黄褐斑的口服药物治疗非常关键。氨甲环酸口服可以很好地抑制黑色素细胞的黑色素合成以及黄褐斑皮损区的血管生成；甘草酸苷可以抑制炎症因子的产生，起到抗炎的作用；维生素 C 可以还原多巴氧化，抑制黑色素的合成；谷胱甘肽可以与酪氨酸酶中的铜离子络合，同时有抗氧化的作用，与维生素 C 联用可以更好地起到抗氧化与美白的效果。

外用药物可以采用氢醌及其衍生物、维 A 酸、壬二酸等，多起到抗氧化、抑制黑色素生成的作用。

对于黄褐斑的治疗切忌过于激进的激光治疗。光电治疗需在黄褐斑较为稳定的阶段酌情应用。Q 开关激光、皮秒激光、非剥脱点阵激光、染料激光和强脉冲光均可以选择。对于其他色素性疾病合并黄褐斑的患者，应在改善黄褐斑后再对其他皮肤疾病进行治疗。

美塑疗法又称中胚层疗法、水光针，是指通过微量注射器或微针将药物注射入皮肤内部进行治疗的方式。美塑疗法目前已经逐渐成为黄褐斑治疗的重要手段。因其具有安全性高、不易反黑、副作用少、疗效肯定的优点而受到广泛的欢迎。常用的药物包括氨甲环酸、谷胱甘肽、维生素 C 等。

（王金奇　陈向东）

(三) 黑变病

面颈部毛囊红斑黑变病,其主要表现为面颊部,尤其是面颊两侧至耳前部,延伸至颈部区域的毛囊性红斑性色素沉着。皮肤可见片状的红斑,伴有毛孔处的肤色加深、肤感粗糙、毛周角化。

此病通常需要与眉部瘢痕性红斑病和口周红色色素病相鉴别。眉部瘢痕性红斑病为持久性网状红斑和小的角质毛囊性丘疹,消退后留有凹陷性瘢痕和斑秃。可见于眉部,也可累及邻近皮肤甚至头部。口周红色色素病(口周色素性红斑)主要发于口周,有红斑和弥漫性褐红色或褐黄色沉斑,有时可延至颈部和鼻翼两侧,左右对称、边缘清楚,在唇红附近的损害常有正常皮肤与其相隔。此病的发病无显著种族与性别的差异,病因目前尚不明确。

【怎么防】

尚无有效的预防措施。

【如何治】

目前对于此病的治疗方法较少,绝大多数为针对其皮损表现的对症治疗。使用角质剥脱剂,如水杨酸、维A酸等可以缓解皮肤的粗糙和角化不良。对于存在的色素沉着、红斑与毛细血管扩张,可以使用染料激光、强脉冲光等治疗方式。

(王金奇 陈向东)

(四) 皮肤异色症

皮肤异色症是一组病因不明的皮肤病。患者主要表现为皮肤萎缩、毛细血管扩张与色素沉着,最终患处的皮肤呈现斑驳的颜色。皮肤异色症通常是某种疾病的皮肤表现,包括Klindler综合征、皮肌炎、皮肤淀粉样变。

皮肤异色症分为先天性与获得性。先天性的皮肤异色症发生于某些遗传性综合征，如 Klindler 综合征、Rothmund-Thomson 综合征等。患者通常在幼年时期即可发病。Klindler 综合征又称为伴大疱的先天性皮肤异色症，患者在婴儿时期出现皮肤上的大疱、皮肤异色症、皮肤萎缩以及口腔黏膜损害等症状。这些症状随年龄增长可以逐渐缓解，但逐渐出现皮肤色素沉着与萎缩。此病的发病原因主要是基因突变。目前已在 Klindler 综合征患者中观察到 70 余种突变可能与致病有关，包括错义、无义、移码、剪接、插入和缺失突变。但目前 Klindler 综合征患者中似乎尚未确立明确的基因型-表型关联。Rothmund-Thomson 综合征也是可以引起皮肤异色症的一种遗传性皮肤疾病。患儿在出生一年内可出现自头面部随后进展至全身的皮肤色素的异常，同时伴有毛细血管扩张、皮肤萎缩以及网状色素沉着。除皮肤症状之外，还发生白内障、光敏、身材矮小、毛发稀少、骨骼发育障碍、牙齿发育障碍、性器官发育不全、性功能减退、指甲营养不良等全身的改变。根据本病是否存在基因突变可分为Ⅰ型与Ⅱ型。其中Ⅰ型患者不存在基因突变，以皮肤异色样改变、外胚层发育不良、青少年白内障为主。Ⅱ型患者有 *RECQL4* 基因突变，以皮肤异色样改变和先天性骨质疏松为主。患者临床表现为 3～6 月龄起，面部出现红斑并逐渐蔓延至全身，最终皮肤异色样改变、皮肤萎缩、过度角化、面部异常（三角脸，内眦赘皮，睫毛及眉毛缺如，牙列不齐，耳郭呈明显的反螺旋角畸形）、骨骼畸形（桡骨、尺骨或髌骨缺如，骨量减少，骨小梁形成障碍）。

获得性的皮肤异色症一般是某种皮肤疾病的伴随症状，包括感染性、炎症性、代谢性、结缔组织病、环境性、医源性和肿瘤性。

伯氏疏螺旋体感染可以导致慢性萎缩性肢端皮炎,表现为下肢伸侧的萎缩硬化性皮肤斑块;特应性皮炎或扁平苔藓患者由于长期的皮肤炎症与外用激素类药膏史,可以出现皮损区域的皮肤异色性损害(色素沉着);皮肤淀粉样变患者可以出现代谢性的皮肤异色性改变;某些结缔组织病如红斑狼疮患者在光暴露部位可以出现丘疹鳞屑性或环状斑块,并在消退后出现皮肤色素减退的表现。皮肌炎患者则可出现紫色至红色的皮肤异色性改变。Civatte皮肤异色症是一种与日晒环境有关的常见皮肤异色症,患者在光暴露部位可出现毛细血管扩张、色素沉着等症状。取暖器、热水袋等热刺激可以导致火激红斑,引起接触部位的网状皮肤色素沉着与毛细血管扩张。医源性皮肤异色症与医疗行为有关,如肿瘤介入放疗或皮肤外用药物均可能造成皮肤色素异常,从而导致皮肤异色症,如糖皮质激素、羟基脲等。皮肤肿瘤也可以导致皮肤异色症,如皮肤异色症性蕈样肉芽肿等。

【怎么防】

对于皮肤异色症的预防应针对其病因,如在疾病流行地区进行疫苗接种以预防莱姆病;通过避光和光斑贴试验来判断光敏性,从而预防Civatte皮肤异色症;避免同一部位长时间受热以预防火激红斑;外用糖皮质激素治疗疾病时应规范化使用,以避免激素所致的皮肤异色症。

【如何治】

对于已经出现的皮肤异色症,应采取对症治疗的方法进行改善。脉冲染料激光与强脉冲光可以很好地封闭血管,治疗伴有毛细血管扩张的皮肤异色症。严重的色素沉着可以采用外用氢醌制剂进行改善。对于放射性皮炎,高压氧可减轻红斑和疼痛。早期皮肤异色症性蕈样肉芽肿的标准治疗包括外用糖皮质激素、外用化疗药物、PUVA 疗法、窄谱紫外线、IFN-α-2a 和口服维 A 酸类,晚期病变可采用系统化疗以及生物制剂。

(王金奇　陈向东)

(五) 白癜风

白癜风是一种原发性的皮肤黏膜色素脱失性疾病。患者可出现皮损部位皮肤色素的减退,部分可伴有毛发色素的脱失。白癜风的皮损最开始呈一片或数片的皮肤白斑,这些白斑可逐渐增大、扩散,界限清晰。白斑中可能以毛孔为单位出现黑色点状色素。在白斑区域的毛发颜色可能正常,也可能变白。头部的白癜风有时仅表现为局部的白发。

白癜风的病因多种多样。自身免疫性疾病如甲状腺疾病等可能合成黑色素细胞相对应的自身抗体,从而阻碍黑色素的形成;精神压力过大、过度劳累等也可能诱导黑色素细胞的凋亡,发生白癜风;白癜风还具有家族遗传性,可出现家族聚集的现象。同时,皮肤的损伤如强烈的日晒、接触酚类的化学物质等都可能导致白癜风的新发或复发。

白癜风的诊断一般通过肉眼观察即可确诊,也可以采用伍德(Wood)灯进行辅助诊断。在伍德灯下,白癜风可出现亮蓝白色荧光。

白癜风主要需与其他可能引起色素减退的疾病相鉴别。无色素痣一般在出生时或出生后不久即可出现,白斑大小可随皮肤生长成比例增大,但形状一般不会变化,伍德灯下无亮白色的荧光。贫血痣是由于局部血管分布异常导致的皮肤白斑,在摩擦后周围的皮肤因血管扩张而发红,但贫血痣处不发红。白色糠疹是好发于儿童面部的浅白色斑,形态不规则,表面通常分布少量的鳞屑。花斑糠疹好发于夏季,多汗部位如胸背部、腋下等处出现圆形淡色斑,表面有细小的鳞屑,真菌镜检为阳性。

【怎么防】

关于白癜风的预防,一般无特殊的手段,对于有白癜风家族史、自身免疫性疾病史等的人群,应适量运动,饮食均衡,避免过度劳累、过大的精神压力以及强烈的日晒,以防止诱发白癜风。同时要避免接触脱色剂以及甲醛、苯酚等化学物质。

【如何治】

对于白癜风的皮损,可以外用糖皮质激素类乳膏,如卤米松、糠酸莫米松等;钙调磷酸酶抑制剂如他克莫司等;中药药膏等。位于皮肤较厚位置的皮损,可以配合使用光敏剂与日光或窄谱中波紫外线(UVB)的照射,但需要注意日晒或照光的强度,以避免出现水疱等副作用。

对于进展较快的白癜风,可以口服泼尼松等药物进行干预。物理疗法也是白癜风治疗中重要的一环,窄谱中波紫外线、308 nm激光照射均可以促进白癜风的复色。对于迁延不愈的白癜风皮损,也可以采用黑色素细胞移植或者皮片移植等手术方式进行治疗。

目前新发现的一些口服和外用药物也可以用于白癜风的治疗,如鲁索替尼、托法替尼等生物制剂以及拉坦前列素等。

(王金奇　陈向东)

(六) 白化病

白化病是因色素合成相关的基因产生变异从而导致黑色素

缺乏的单基因遗传病。根据患者表现的不同，可以分为眼、皮肤、毛发均色素缺乏的眼皮肤白化病和仅眼部色素缺失的眼白化病。白化病患者最典型的表现为色素缺失导致的浅色头发与皮肤。皮肤呈白色或粉红色，伴有毛细血管扩张。头发、眉毛、睫毛等呈现白色至棕色不等。由于患者皮肤缺乏黑色素的保护，因此易出现雀斑，常被晒伤，但不会被晒黑。

除皮肤外，眼部损害在白化病患者中也非常常见。白化病患者由于色素缺失，眼球虹膜呈现半透明的粉红或淡蓝色，并且可以随着年龄的增长而改变。同时可以出现眼球震颤、斜视、畏光、高度近视或远视等。除皮肤与眼部的症状外，白化病患者还可因皮肤与视力障碍产生一系列并发症，如日光性雀斑样痣、皮肤癌、日光性红斑以及心理问题。

白化病的病因目前已明确，即由于控制黑色素生成的相关蛋白如酪氨酸酶、酪氨酸酶相关蛋白-1等的基因发生了突变，致使人体黑色素细胞无法正常合成黑色素。因此，白化病往往具有家族遗传性。

白化病诊断一般依靠医生的体格检查。遗传学检测有助于确定患者的白化病类型与遗传方式，对于指导其优生优育具有重要意义。

【怎么防】

对于白化病的预防，关键在于做好优生优育，如果新生儿时即有明显的白化病体征或在儿童生长过程中发现了白化病的症状，父母应及时干预，密切关注其身体健康状态，尤其是视力的保护。

【如何治】

由于白化病属于遗传性疾病，无特效治疗方式，多以对症治疗为主。为避免并发症，患者应做好防晒，避免强烈的日晒，定期复查视力，对可能的心理问题及时进行干预、疏导。

（王金奇　陈向东）

（七）白色糠疹

在儿童与青少年的面部，我们有时可发现成片的带有白色糠秕样鳞屑的皮损，这种疾病称为白色糠疹，又名单纯糠疹、面部干性糠疹等。白色糠疹的病因目前尚不明确，可能与微生物感染如马拉色菌等有关。除此之外，日晒、营养不良、皮肤干燥等也可以诱发本病。

典型的白色糠疹表现为面部的圆形或椭圆形的色素减退斑片，上面覆有白色糠样鳞屑。在发病的初期可表现为红斑，边缘稍隆起，随后红色褪去，残留斑片状皮损被覆鳞屑。患者通常无明显症状，部分患者有轻微的痒感。

白色糠疹的检查一般使用肉眼即可判断，也可以使用辅助检查手段，如伍德灯检查。在伍德灯下白色糠疹可呈现色素减退，但无荧光。

【怎么防】

白色糠疹尚无有效的预防手段。针对其诱因，平时应注意面部的清洁，避免使用碱性过强的清洁剂，皮肤干燥者可以使用保湿霜，避免阳光暴晒。

【如何治】

本病一般可自行消退，也可以使用外用润肤剂如复方硅油维E乳膏等来缓解鳞屑。对于泛红、瘙痒者，可以使用钙调磷酸酶抑制剂他克莫司乳膏、炉甘石洗剂等外用药物来改善症状。

口服 B 族维生素也有一定的治疗作用。

（王金奇　陈向东）

七、以皮肤角化、角质丘疹为主

这里主要介绍以下 4 种病症：

毛周角化病、脂溢性角化病、日光性角化病、皮角。

（一）毛周角化病

毛周角化病又称为毛发苔藓，也就是人们口头常说的"鸡皮肤"。这是一种很常见的皮肤病，而且大多数情况下它是一种独立的疾病，并不会引起其他健康问题。

毛周角化病多见于青春期男女，常在两上臂外侧及大腿伸侧出现 1~2 mm 正常肤色或淡红的一粒粒小凸起，彼此不相互融合，使皮肤呈现出类似"鸡皮"的外观。有过毛周角化病的人都知道，在这些小凸起里有一个角质栓，只要把它抠掉，颗粒顶端就只剩一个小凹窝。有时候还可见到一根汗毛蜷曲其中，但不久又会有新的角质栓长出。"鸡皮肤"往往夏季减轻，冬季加重。大多数人没有其他症状，只是偶尔会有瘙痒罢了。随着年龄增长，皮疹可逐渐消退，但也有人一直不退。

那么是什么原因导致出现"鸡皮肤"呢？事实上，"鸡皮肤"是一种常染色体显性遗传病，约 50%~70% 的毛周角化病患者有遗传倾向。可以理解为基因出了问题导致毛囊口角质过度增殖，形成了角质栓，把汗毛堵在了里面。而且由于毛囊被堵住，皮脂腺分泌的油脂没法分泌出来，毛周角化还会伴随皮肤屏障功能不全、保水能力下降的问题，皮肤会明显干燥。此外，维生素缺乏及代谢障碍导致的维生素 A、B_{12}、C 缺乏可能与毛周角化病发生有关。使用糖皮质激素治疗或甲状腺功能低下的患者,可能出现毛周角化病或使病情加重,提示内分泌因素可能也与之相关。

毛周角化病的临床诊断一般不难,主要根据上臂外侧和大腿伸侧的孤立、不融合毛囊角化性丘疹来诊断,但需要和其他毛囊角化性疾病相区别。如维生素 A 缺乏症,四肢伸侧也出现蟾皮或鸡皮样角化性丘疹,但皮疹更大,同时出现夜盲、眼干、角膜软化及其他内部器官症状。小棘苔藓,毛囊性丘疹常群集成小片,丘疹顶端有一丝状小棘,拔出小棘可见一凹陷性小窝,丘疹互不融合。通过皮损特点可以将其区分开。

【怎么防】

本病暂无有效的预防方法,平时要做好保湿。一粒粒的"鸡皮肤"会让人很想"抠之而后快",但是用手挤、抓、抠会使毛孔周围的组织水肿,使毛孔开口变得更小,更容易堵塞,会产生粉刺、毛囊炎,所以千万不要去抓、去挠。也不可以过度清洗,用热水、肥皂、沐浴露等烫洗局部,会导致皮肤干燥,而皮肤越干燥,皮疹就会越明显。

【如何治】

一般不需要治疗,加强保湿即可。可选用含尿素、尿囊素、果酸的保湿乳液、乳膏。当症状明显或患者有治疗要求时,可以使用化学剥脱的方式,如去医院做果酸换肤,日常使用低浓度的果酸、水杨酸护肤品局部外涂;也可以在医生指导下服用一些诱导皮肤角质正常生成的药物,如维 A 酸类药物。"鸡皮肤"治疗疗程长、起效慢,往往需要 3 个月到半年的时间,对于市面上任何声称可以快速祛除"鸡皮肤"的药物或护肤品，患者一定要谨慎选用。

（范梦洁　马　英）

（二）脂溢性角化病

脂溢性角化病俗称老年斑，是一种最常见的良性上皮肿瘤。

皮损多见于头面部、上肢和躯干，除了手掌、脚底外全身都可以发生。早期常表现为淡褐色类圆形斑（不高出皮肤），边界较清楚。开始时直径 1～5 mm，比雀斑大，比黄褐斑小，可以单发，也可以多发。随着时间推移可逐渐扩大、增厚成扁平丘疹状（高出皮肤），无光泽，像"黏着"在皮肤上。

表面呈粗糙颗粒状，常有毛囊角栓，就像大丘疹上有密集的小丘疹。经过岁月洗礼有明显色素沉着，且产生油腻性痂皮，剥脱后不久又会再长，也有些高度增生呈"皮角"。

Leser-Trélat 征指伴有恶性肿瘤的脂溢性角化病。对于在短期内皮损数目迅速增多且瘙痒的，需要排查有没有内脏或血液系统肿瘤。

目前习惯上把斑片状的脂溢性角化病称为老年斑，而明显凸起的可称之为老年疣。当然，这种老年疣和人类乳头瘤病毒（HPV）感染所致的病毒疣则完全不同。

脂溢性角化病确切病因不明。部分和遗传有关，尤其是皮损泛发的脂溢性角化病。随着年龄增长，患病率会增高，或皮损数目增多，这也是老年斑名字的由来，但有些中青年人同样也会发生，男性发病年龄比女性相对更早些。

脂溢性角化病和日光性角化病、寻常疣、扁平疣、基底细胞癌、色素痣、硬纤维瘤等需鉴别，后者中有些是癌前期病变或恶性病变,也有些属于病毒感染,有传播性。

皮疹特点再辅以皮肤CT、皮肤镜检查可有助于相互辨别。

【怎么防】

首先是做好防晒。要知道紫外线是许多皮肤肿瘤和色斑的诱发加重因素,光老化是皮肤老化的主要原因。

其次要避免各种外界损伤。摩擦外伤等可以刺激皮损发生炎症和不规则增生。

适当用一些抗氧化剂,对于皮肤健康有帮助。

【如何治】

脂溢性角化病除了影响美观,一般无其他危害,外用维A酸乳膏等对部分患者有效,但不能期望值太高;如药物效果不佳,可采用激光去除。

斑片状的脂溢性角化病,可选择755 nm翠绿宝石或694红宝石或532 Nd:YAG调Q激光,通过选择性光热作用精准破坏靶色基,对周围正常组织损伤很少。

如果是增生明显的老年疣,可采用超脉冲二氧化碳激光直接汽化,或电离子、微波等治疗。

皮损面积较大,或诊断有疑问的,可以考虑手术切除治疗。

(朱敏刚)

(三)日光性角化病

相信通过我们之前的科普,大家对防晒已有了很好的理解。

日光对于我们的皮肤影响巨大。除了晒黑,还会诱发各种皮肤病,甚至皮肤癌。

好发于老人头面部的日光性角化病,又称光线性角化病或者老年性角化病。很多人会以为这是"老人斑"而对它放松警惕，但事实上，我们需要重视它的存在，因为它是一种较常见的癌前病变。

关于该病的发生，首先考虑还是跟日光有密切关系。在紫外线强烈的地方此病多见，常出现在日光暴晒的部位，例如头面部、耳部、颈侧、下唇、手背，前臂也可以出现。

早期和民间俗称的"老人疣"有点相似，为突起于皮肤的扁平丘疹、小结节，皮肤色或淡红色，也可以表现为红斑、毛细血管扩张。呈圆形或者不规则形，质地硬，部分上面可见鳞屑。慢慢地，表面变成黄褐色或者黑褐色，干燥，不易剥除，如果强行剥离，会有出血现象。如有出现糜烂、溃疡、出血等现象，应警惕癌变。

人们常说的"老年疣"，医学上叫脂溢性角化病，是一种常见的皮肤良性肿瘤。和日光性角化病名字有点像，长得也有点像，两者有时可以并存。

脂溢性角化病一般为褐色丘疹或者斑块，表面可以有容易剥离的油腻性鳞屑，但不出血，且不久又可新生。除了常见的曝光部位，身体其他地方也会生长（详见相关章节）。

通过皮损特点、部位和皮肤镜检查可以诊断；临床上需和盘状红斑狼疮、脂溢性角化病相鉴别。病理上需注意与皮肤原位癌（鲍温病）、毛囊角化病、砷剂角化病等相辨别。

【怎么防】

遗传因素、人种等我们很难改变，但后天环境因素可以尽可能防范。

从儿童期就要做好防晒，因为紫外线对DNA的损伤是日积月累的，到一定年龄人体自身修复能力跟不上时，就会出现这些严重的皮肤问题。

除了日光,一些放射能、电离辐射也要注意。

沥青、煤提炼产物也可能诱发本病,因此从事相关职业要做好防护。虽然随着逐渐衰老,容颜的改变不可避免,但对于维护健康的皮肤,还是需要重视的。

【如何治】

对于本病的处理,可以选择外搽维 A 酸类或咪喹莫特等药物。激光、冷冻、光动力治疗等物理治疗均可选用,如有癌变可能,建议尽早手术切除。

(朱敏刚)

(四)皮角

门诊上、网络上经常有咨询各种皮肤肿瘤的,尤其担心"恶性"两个字,有时会碰到一些长得很奇特的增生,比如说下面所讲的皮角。

皮角是一种形态学描述,实质上它是一种癌前期病变。好发于老年人头面部,表现为高度角化增生的锥形隆起。有时候和动物头上长的角很像,是角质物异常黏着所致。

患者常因为感觉皮损快速增高,或刺激后有点出血了,担心有什么不好,这才在家属陪同下来医院就诊。

皮角在临床上多为单个发生,其高度大于横径,圆锥形或柱型,有的笔直,有的弯成弧形,或有分支像鹿角样;大的如羊角,颜色或深或浅,基底常有红斑和浸润(这时要高度警惕)。患者男性多于女性。

皮角可以继发于多种良、恶性皮肤病。

其中常见的如肥厚性日光性角化病,这是老年人常见的一种皮肤癌前期病变,好发于暴光部位,有可能发展成鳞癌。

其他像脂溢性角化病(老年疣)、角化棘皮瘤、汗孔角化病、外毛根鞘瘤、倒置性毛囊角化病、皮脂腺腺瘤、疣状痣、基底细胞癌、鳞癌、皮脂腺癌、转移性肾癌等也可以有如此表现,而HPV所致的陈旧性寻常疣同样会高度增生。

不同的人,不同的皮角,因为不同的原发病而病因各不相同。

病程和预后主要取决于原发病的类型。如果临床上有疑问,可以结合皮肤镜等检查。组织病理是诊断的金标准,常有致密角化过度和角化不全,表皮呈山峰状隆起,棘层肥厚程度不等,基底部的表现视原发病变而定。

【怎么防】

为何暴露部位多见?当然和日晒有关!

为何淡肤色的中老年人好发?因为淡色皮肤经不起紫外线日积月累的照射。

所以说,科学防晒很重要。

至于病毒感染(如寻常疣),一方面须防止传播和外伤,另一方面应通过健康的生活方式增强自身体质,就像古书所讲的:"正气存内,邪不可干。"

通过定期检查,早发现、早干预,对于改善各种皮肤肿瘤的预后十分重要。

【如何治】

治疗以手术切除为主,同时通过病理检查明确性质,排除侵袭性鳞癌等。

(朱敏刚)

八、以脱发为主

这里主要介绍以下 4 种病症：

斑秃、全秃及普秃、雄激素依赖性秃发(男性型秃发)、女性型秃发。

(一) 斑秃

斑秃是一种常见的非瘢痕性脱发疾病，以突然发生的圆形或椭圆形局限性斑片状脱发为特点。普通人群罹患斑秃的终生风险约为 2.1%。目前我国约有近 400 万斑秃患者。斑秃可发生于任何年龄，以中青年多见，无明显性别差异。此外，斑秃具有复发性，一部分患者病情可迁延反复，给患者的容貌和心理带来影响。

斑秃的临床表现具有很强的异质性，不同患者之间、同一患者的不同发作周期之间，其临床表现和严重度均可各异。斑秃通常没有主观不适症状，因此，在早期常常被人们忽视，很多情况下是由他人发现。轻度斑秃通常只影响容貌，有些甚至可自愈，但有一部分患者会发展成重度(脱发面积＞50%头皮面积)，许多患者往往也是到病情加重时才来医院就诊。

斑秃的确切病因尚不明确。1/3 斑秃患者有阳性家族史。具有遗传易感性的个体，在环境因素(包括情绪、压力应激、病毒感染等)的作用下，正常生长期毛囊的免疫豁免被破坏，继而引起主要由 T 细胞介导的炎症反应，导致毛囊从生长期提前进入退行期和休止期，最终造成头发脱落。

根据受累部位和程度的不同，斑秃有多种类型，包括斑片型(最常见)、网状型、匍行型(在头皮边缘发际)以及全秃和普秃。

斑秃的诊断主要根据临床表现,其典型表现为突然发生的斑片状脱发,脱发斑片多呈圆形或椭圆形,大小不等,可单发或多发,脱发斑片通常边界清晰。进展期斑秃拉发试验常为阳性。皮肤镜检查可见斑秃脱发区域毛囊开口存在,脱发区域可见感叹号样发(特异性表现)、黑点征、黄点征、断发、锥形发(毛发近端逐渐变细)以及猪尾状发等。

皮肤镜检查可协助斑秃诊断与分期,同时也有助于与其他可表现为斑片状脱发的毛发疾病相鉴别,包括假性斑秃等瘢痕性脱发。假性斑秃属于永久性瘢痕性脱发,呈非对称性的、形态不一的光滑象牙色脱发斑,其特点为毛囊开口消失,头皮光滑,毛发无法再生。

【怎么防】

从某种意义上而言,斑秃是一种机体免疫紊乱的外在表现,患者应该给予重视,纠正不良的生活习惯,注意休息,避免熬夜、疲劳,调整心情,缓解精神压力,减少焦虑。

【如何治】

斑秃的治疗目前主要包括外用或局部注射糖皮质激素制剂,口服免疫调节剂(复方甘草酸苷片、白芍总苷胶囊等)、维生素 D、中药等,外涂米诺地尔搽剂以及光疗;对于重度或者持续进展的患者,有时需要系统应用糖皮质激素或 JAK 抑制剂,这需要医生根据患者的症状和化验结果综合判断来决定。

(盛友渔)

(二) 全秃及普秃

斑秃进一步发展,可累及眉毛、睫毛、胡须、阴毛、腋毛等体毛。

若整个头皮上的头发脱落则称为全秃;若不单所有头发脱落,眉毛、睫毛、胡须、腋毛、阴毛也脱落殆尽,则称之为普秃;介于两者之间称为全秃/普秃型。全秃和普秃通常预后较差,会显著地影响患者的容貌、心理和生活质量,还常常伴发甲损害(甲点状凹陷、甲纵嵴、糙甲症等)。

【怎么防】

"早发现、早诊断、早治疗"是预防斑秃加重进展为全秃或普秃的关键。在斑秃早期,由于没有痛、痒等自觉症状,患者往往并不重视或及时就医。虽然有些患者通过调整心情和生活作息可自愈恢复,但仍有一部分斑秃患者病情会持续加重。当斑秃症状持续加重,脱发面积>25%头皮面积,或累及眉毛、睫毛、胡须等体毛时,则需警惕进一步发展为重度斑秃甚至全秃或普秃的可能,应及时就诊,并纠正不良的生活习惯。

【如何治】

全秃和普秃的治疗方案需根据患者的年龄、病程以及全身情况进行综合考量和选择。由于治疗难度大、周期长,在疗效评估的同时也需监测副作用。可以选择的治疗方法包括系统应用糖皮质激素、环孢素或JAK抑制剂、光疗、糖皮质激素封包、外涂米诺地尔等,具体治疗方案和疗程需要医生根据个体的临床和化验结果综合判断来制订。

(盛友渔)

(三)雄激素依赖性秃发

雄激素依赖性秃发,以往又称脂溢性脱发,俗称"秃顶",是临床最常见的脱发类型。雄激素依赖性秃发通常在青春期后发病,男女均可罹患,患病率随年龄的增长而增加。目前我国雄激素依赖性秃发人群达到 2.5 亿,其中男性约 1.64 亿,女性约 8 860 万。脱发人群数量庞大,且发病呈年轻化趋势,已经成为困扰大众的普遍性难题。

雄激素依赖性秃发表现为特定模式的头发脱落及稀疏。男性早期可以仅表现为前额发际线后移或者两侧鬓角处头发稀疏,即 C 型或 M 型发际线。随着病情进展,头顶部出现头发稀疏并且范围持续扩大(O 型)。病情进一步发展,患者前额部和头顶部的头发稀疏范围可相连接融合,仅仅残留后枕部及颞部的头发(枕、颞部毛囊对雄激素不敏感)。目前国际上男性雄激素依赖性秃发常用的严重度分级法是 Hamilton-Norwood 分级(图 1)。

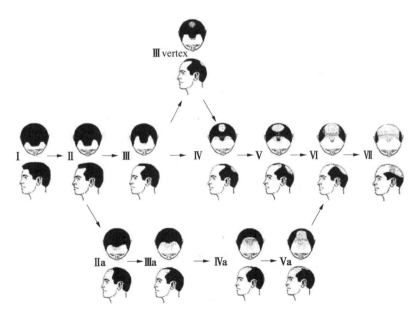

图 1　男性雄激素依赖性秃发 Hamilton-Norwood 分级

具有遗传易感性的个体，在环境因素的作用下，毛囊中的 5α 还原酶活性增加，5α 还原酶将睾酮转化为双氢睾酮，后者导致：① 生长期毛囊的比例下降；② 毛囊生长期时间缩短；③ 毛囊微小化。最终体现在临床上就是患者头发脱落，头发变稀、变细、变软（毳毛化）。

雄激素依赖性秃发的诊断主要根据临床表现，青春期后出现头顶额部或前发际线区域头发稀疏细软并逐渐加重，则可以临床诊断为雄激素依赖性秃发。皮肤镜检查可见毛发直径差异化和毳毛化表现，支持雄激素依赖性秃发诊断，同时也可与生长期脱发、休止期脱发、拔毛癖或弥漫性斑秃等可累及头顶额部或前发际线区域的其他毛发疾病相辨别。

【怎么防】

雄激素依赖性秃发是一种多因素引起的慢性进行性疾病。除遗传和雄激素两个主要致病因素之外，环境因素包括饮食、睡眠等生活方式也在发病中起到作用。比如，很多早发型（30 岁前发病）脱发患者伴有高尿酸血症、脂肪肝、肥胖；熬夜者患病比例也很高。

【如何治】

防治重点在于"早发现、早诊断、早治疗"。建议患者要尽早到正规医疗机构就诊检查。现在很多医院皮肤科都开设了脱发专病门诊，这有利于诊断更全面、治疗更规范；药物治疗期间需定期、持久地复诊随访，同时还要调整心态，建立健康的生活方式。

男性雄激素依赖性秃发的药物治疗首选口服非那雄胺 1 mg/天和外用 5% 米诺地尔溶液/泡沫剂。在药物治疗基础上,可以联合微针、低强度激光、自体富血小板血浆注射以及毛发移植等非药物治疗手段。

(盛友渔)

(四) 女性型秃发

女性型秃发,又称为女性雄激素依赖性秃发,有两个发病高峰——青春期后和绝经后,通常表现为头顶和顶前区进行性弥漫性头发稀疏,患者常常自诉"发量少又细软塌"。目前国际上女性型秃发常用的严重度分级法是 Ludwig 分级(图 2)和 Sinclair 分级(图 3)。

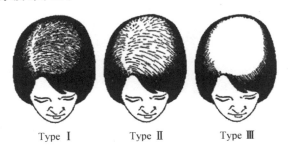

图 2　女性型秃发 Ludwig 分级

图 3　女性型秃发 Sinclair 分级

皮肤镜检查可见女性型秃发患者头发密度降低、终毛比例减少而毳毛比例增加、毛发直径差异化。部分患者可伴有高雄激素血症、高泌乳素血症、高胰岛素血症、高脂血症或缺铁。

【怎么防】

女性型秃发的预防与男性雄激素依赖性秃发类似。除了遗传因素,饮食、睡眠、压力、情绪等生活方式在发病中也起到作用,尤其应避免高脂高糖饮食,纠正熬夜等不良习惯。虽然头发烫染不是女性型秃发的病因,但可能会促进病情进展,因此,建议在脱发进展期避免烫染。

【如何治】

女性型秃发治疗首选外用 5% 米诺地尔泡沫剂或 2% 米诺地尔溶液。伴有内分泌代谢紊乱者,可短期给予口服药物进行纠正。中重度患者可以联合微针、低强度激光、自体富血小板血浆注射或毛发移植等非药物治疗手段。

(盛友渔)

九、其他

这里主要介绍斑萎缩和蜘蛛痣。

(一) 斑萎缩

斑萎缩,又称皮肤松弛症,是一种罕见的良性弹力纤维破坏性皮肤病,可引起局部皮肤松弛。斑萎缩可在任何人种发病,在女性更常见,其确切患病率未知,所有年龄段都有病例报道,但最常见于 20 至 40 岁的成年人。

斑萎缩分为原发性和继发性,最常见于躯干和四肢近端。临床上表现为圆形至椭圆形萎缩性凹陷、皱纹斑、斑块或周围有正常皮肤边界的囊状突出物。病变颜色各异,包括皮肤色、白色、灰色、棕色或蓝色，斑片直径从数毫米到数厘米不等。病变可以是单个或多个，触诊可以感觉到周边正常的皮肤环。

斑萎缩分为5种不同的亚型，包括原发性斑萎缩、皮肤病继发性斑萎缩、药物性斑萎缩、家族性斑萎缩和早产相关斑萎缩。原发性斑萎缩是指发生于原本正常的皮肤，而皮肤病继发性斑萎缩是指发生于病理性皮肤区域。最常见的相关皮肤病是寻常痤疮和水痘，但也发生在其他疾病中，如梅毒、结节病、麻风、环状肉芽肿、黄瘤、皮肤淋巴瘤等。此外，也有报道斑萎缩与HIV感染和各种自身免疫性疾病有关，如系统性红斑狼疮、Graves病、抗磷脂综合征、干燥综合征等。青霉胺是一种与药物性斑萎缩有关的药物，可以抑制羟醛交联，影响弹力纤维形成。

斑萎缩皮损的组织病理显示真皮乳头层和网状层几乎完全失去弹力纤维，真皮和血管周围有组织细胞和浆细胞浸润。斑萎缩患者可能需要额外的检查来寻找潜在的相关疾病。根据病史和体格检查，在临床怀疑特定疾病的情况下选择相应的检测方法，排查HIV感染和各种自身免疫性疾病。

斑萎缩的诊断主要依据临床表现。皮肤活检取材需深至真皮中部。一旦诊断为斑萎缩，还应结合患者病史明确具体的亚型。在与抗磷脂抗体相关的原发性斑萎缩中，可能在诊断数年后出现并发症，包括血栓事件、静脉炎和自然流产，因此诊断需考虑到潜在的相关疾病。

【怎么防】

在继发性斑萎缩中，控制致病性原发皮肤病可以防止新的病变形成。患者应接受有关疾病、病程的教育，一旦病变形成，已有皮损不会自行消退。

【如何治】

目前没有公认的明确有效的治疗方法。有报道秋水仙碱可以防止新的原发性斑萎缩病变的形成。其他方法包括冷冻疗法、羟氯喹、维生素 E、烟酸等。已形成的皮损可通过微整形手术切除，也有病例报告激光治疗可以改善病变外观。

（盛友渔）

(二) 蜘蛛痣

系特发性毛细血管扩张症，因皮肤浅丛细动脉及其分支扩张而引起，一般认为可能是由于机体内雌激素分泌过多所致。

表现为针头大小丘疹，呈鲜红色，周围见辐射状或树枝状扭曲的细小毛细血管，偶或中央部分因动脉不同程度的增生而隆起，直径可达 2 cm。若压迫丘疹的顶端，周围扩张的分支血管可消失。常位于暴露部位如面部、前臂、手，也可累及口唇和鼻部。损害常为单个，若多发则需考虑伴有肝脏疾病。如在成年期发病，常与妊娠、胆汁性肝硬化或转移性肝肿瘤有关。发生于妊娠者，多在妊娠 2～4 个月时发病，通常于分娩后 6 周左右消退。

【怎么防】

必要时可作肝功能检查，如有异常，及时作相应处理。

【如何治】

可采用脉冲染料激光去除中央隆起的血管，有时需要多次治疗，每次间隔 1～2 个月。

（黄　雯）

第十一篇
皮肤科医生的"第三只眼"

识别皮肤病的神器——皮肤镜，它究竟"神"在哪里？

首先，您听说过皮肤镜吗？

皮肤镜是近年来新兴发展起来的用于皮肤疾病诊断的利器，又称表皮透光显微镜，是一种无创的显微图像分析仪器，可将皮损放大10～150倍甚至更大倍数。它不同于皮肤病理活检需要手术切取一部分皮疹，而是类似超声的检查方式，仅需将透镜片覆盖在皮损上即可检测，快速完成成像，无疼痛、无辐射，从而解除患者在检查时对疼痛和辐射的顾虑。

但您可能会想：皮肤镜和放大镜有什么区别呢？

皮肤镜并非简单的放大镜，而是放大镜和偏振光的结合，通过光学原理过滤皮肤表面角质层的折射光，从而便于观察到肉眼无法识别的结构。换言之，皮肤镜不仅可以观察皮肤表面，还可以透过现象看本质，由表及里，观察到表皮及真皮内的颜色和结构。所以，皮肤镜可以算得上是皮肤科医生的

"第三只眼"(附图)。

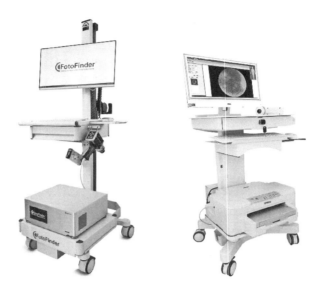

图1 皮肤镜

那么,皮肤镜究竟有哪些功能呢?

(1)皮肤镜可鉴别皮肤黑色素细胞肿瘤的良、恶性。皮肤镜在早年主要用于色素痣、恶性黑色素瘤等色素性皮肤病的诊断。比如我们身上的色素痣,绝大多数都是良性的,然而一旦出现增大、颜色变化或局部疼痛、瘙痒、破溃等情况时,就需要警惕色素痣恶变的可能。这仅靠肉眼观察往往难以识别,我们可借助皮肤镜进行初步筛查,如发现可疑征象,及时在可疑区域活检进行组织病理分析,就可以早期诊断、早期治疗,减少漏诊、误诊的发生。

(2)皮肤镜还可提高非黑色素细胞皮肤肿瘤的诊断准确

率。例如体表皮肤上的黑色皮疹,不仅见于色素痣或恶性黑色素瘤,还可见于脂溢性角化病、基底细胞癌或其他良/恶性色素性皮肤病,这些皮肤病外观有时看起来和色素痣非常相似,肉眼无法分辨,这时我们即可通过皮肤镜进行辨认。此外,日光性角化病(癌前病变)、鲍温病(皮肤原位癌)、皮肤纤维瘤(良性皮肤肿瘤)、血管性疾病如血管瘤等非黑色素细胞皮肤肿瘤在皮肤镜下有比较特异的结构特点,典型的皮疹通过皮肤镜即可识别,如怀疑恶性的皮疹经皮肤镜提示可尽早进行病理活检。

(3)皮肤镜除了识别皮肤肿瘤外,对感染性、炎症性、寄生虫性等皮肤病也具有辅助诊断的作用,如各种病毒性疣、传染性软疣、银屑病、扁平苔藓、盘状红斑狼疮、疥疮等。

(4)皮肤镜对毛发疾病的判断有极大的帮助,能对脱发疾病进行诊断与鉴别,分辨是瘢痕性脱发还是非瘢痕性脱发、是雄激素依赖性秃发还是休止期脱发;还能判断病情的活动性,识别斑秃患者处于病情活动期还是稳定期,从而指导脱发的治疗。

(5)皮肤镜还可用于甲病的判断,通过分析特定结构,可以区分是甲下出血、甲母痣,还是甲黑色素瘤等。

(6)皮肤镜的临床应用减少了因盲目手术活检或切除而引起创伤的概率,大大减少了不必要的创伤,还可有效指导临床医生选择手术活检的最佳区域以及皮肤肿瘤切除的最佳范围,提高诊断的准确率和治疗的有效率,大大减少二次手术的可能性。

(7)此外,皮肤镜还可以动态监测高危人群的可疑皮损及毛发疾病等的病情进展情况,分析评估治疗前后的疗效。

综上所述,皮肤镜操作简单,无创,而且其识病准确率与肉眼相比有了很大的提升,有助于多种皮肤疾病、毛发/甲疾患的诊断以及治疗的监测和随访、疗效的评估,真可称得上是临床医生的好帮手。但话又得说回来,尽管皮肤镜诊断比肉眼观察更加准确,但仍需要结合临床综合分析,而且它不能完全取代组织病理检查。因此,遇到皮肤镜检查也无法识别或者疑似恶性的皮损时,为了避免误诊、漏诊,组织病理检查仍是必不可少的。

(徐　峰　胡瑞铭)

第十二篇
抗组胺类药物的抗过敏治疗

抗组胺类药物在皮肤病治疗中应用最多最广，究竟该如何正确认识和选用？

抗组胺类药物自20世纪40年代问世以来，因其具有奇特的控制许多过敏性病症的效用，受到广大临床医师的关注。到目前为止，已有30多种不同的抗组胺类药物研发问世。所谓"抗组胺"顾名思义，即起到对抗组胺的作用的意思。

组胺是引起众多过敏性病症的主要介质，从肥大细胞和嗜碱性粒细胞中释放出来，导致过敏反应和瘙痒的发生。组胺作用必须首先是通过和各组织器官细胞膜上的组胺受体（H1、H2和H3受体）相结合，才能起到一系列生物活性效应。在过敏性疾病中，主要是通过H1受体介导的。抗组胺药物通过竞争性地与组胺受体结合，从而阻断组胺引发的生物学效应，这是抗组胺药物发挥抗过敏作用的经典机制。抗组胺药物目前已广泛用于治疗荨麻疹、接触性皮炎、过敏性鼻炎和结膜炎等过敏性病症。

目前，临床上广泛应用的抗组胺药物主要是针对 H1 受体，少数是针对 H2 受体，也有一部分对两种受体均有拮抗作用。

第一代抗组胺药物或镇静类抗组胺药物，以中枢镇静作用显著为特征，代表性药物有苯海拉明、氯苯拉敏、羟嗪、曲普利啶、氯马斯丁、赛庚啶、酮替芬、多塞平、异丙嗪等。由于第一代抗组胺药物具有明显的中枢抑制和抗胆碱能作用，以及对认知功能的潜在影响，目前一般不作为首选治疗药物，仅对于成人皮肤划痕症或夜间瘙痒严重影响睡眠的患者可酌情选用。苯海拉明、赛庚啶、扑尔敏等第一代抗组胺药物由于半衰期和体内维持时间短，目前仍用于儿童过敏性疾病，但剂量需在医生的处方指导下使用。高空作业、驾驶员、机器操作人员慎用第一代抗组胺药物。

20 世纪 80 年代，第二代抗组胺药物引入临床，也称非镇静抗组胺药物，对组胺 H1 受体具有高度选择性，没有抗胆碱能作用，对血脑屏障的穿透性低，因而更高效、安全。代表性的药物有西替利嗪、左西替利嗪、氯雷他定、地氯雷他定、枸地氯雷他定、非索非那定、阿伐斯汀、咪唑斯汀、依巴斯汀、奥洛他定等。第二代抗组胺药物少有中枢抑制作用，可避免出现嗜睡或老人摔倒的问题，不会降低儿童学习能力及注意力；没有抗胆碱作用，不会导致口干、便秘、前列腺肥大者排尿困难，亦不会加重青光眼。绝大多数第二代抗组胺药物日服一次即可。

第二代抗组胺药物不仅有抗组胺作用，而且可以通过多种机制起到非特异性的抗炎作用，包括抑制肥大细胞和嗜碱性粒细胞释放介质、对炎症细胞游走和激活的抑制，以及影响内皮细胞黏附分子的表达等，因此，抗过敏功效更佳。以慢性荨麻疹为例,口服抗过敏止痒药物首选第二代抗组胺药物,必要时可加量或第一、第二代药物联合用药,注意需用足量、用足疗程并规律用药;当病情得到控制后,所用药物需逐渐减量,不宜突然停用。伴有肝、肾功能不全或心律失常、青光眼、孕期或哺乳期的患者,为安全起见,仍需在医生指导下使用第二代抗组胺药物。

(盛友渔)

第十三篇
肾上腺糖皮质激素在皮肤科的应用

为什么许多皮肤病治疗需要选用肾上腺糖皮质激素类药物?

近年来,少数不良厂商在生产一些护肤化妆品时,违规添加激素的新闻屡屡被曝光,以致不少人闻激素而色变。可您知道吗?激素类药物在皮肤病治疗中可谓撑起了半边天!一般所称的"激素",其实是肾上腺糖皮质激素的简称,这是一种甾体类激素,既能在肾上腺皮质中合成,又能人工化学合成,是治疗部分特别是过敏及免疫性炎症的良药。肾上腺糖皮质激素类药物的发现、开发与应用是医学史上的一个划时代事件。1948年,内服糖皮质激素应用于临床;1952年,外用糖皮质激素应用于皮肤病的治疗。迄今为止,糖皮质激素应用于临床已经有70多年的历史,拯救了数以亿计的患者。

皮肤是人体最大的器官,是抵御外界病原体入侵的第一道防线。由于皮肤病中大多数疾病是炎症性和免疫性相关疾病，糖皮质激素作为临床上最有效的免疫抑制剂和抗炎药物之一，在皮肤病的治疗中已得到广泛应用。

糖皮质激素具有快速、高效的抗炎作用，这可以说是糖皮质激素最突出的作用了。在炎症初期，它可以对炎性物质进行杀灭，抑制炎性物质的排出，抑制白细胞浸润，缓解水肿症状，阻止毛细血管扩张，改善炎症初期的红、肿、痛痒等症状。在炎症后期，它可以抑制纤维母细胞的增生，推迟肉芽的生长，减轻炎性后遗症。也就是说，糖皮质激素在炎症初期可以减轻红肿痛痒，后期可以预防增生，减轻炎症带来的后遗症。

此外，糖皮质激素也有抗增生作用。它能够抑制成纤维细胞增殖，抑制胶原蛋白的合成，可以治疗以增生为主的慢性炎症，防止瘢痕形成，但也可以导致正常皮肤发生萎缩。皮肤萎缩通常在连续用药3～4周后出现，停药1～4周后逐渐恢复，但是萎缩纹难以消除，所以使用激素类药物时一定要严格遵照医嘱。

糖皮质激素的免疫抑制作用对皮肤科最为重要。皮肤作为人体抵御外界侵害的第一道防线，也是人体最大的免疫器官。正常的免疫功能对维持人体健康至关重要，免疫功能减弱会导致病原体入侵，招致细菌、病毒、真菌等感染。免疫功能过强也会出现敌我不分的情况，导致自身抗原攻击正常的组织，引起一些自体免疫性皮肤病的发生。糖皮质激素有强大的免疫抑制作用，其对细胞免疫的抑制作用更为突出，大剂量使用时也能明显抑制体液免疫过程，减少抗体生成，超大剂量使用则可能直接导致淋巴细胞溶解。研究表明，糖皮质激素能够引起皮肤中肥大细胞功能耗竭，并减少皮肤中朗格汉斯细胞的数量。另外，其对一些细胞因子如 IL-1、IL-8、TNF-α、GM-CSF 等有直接抑制作用。简言之，糖皮质激素的免疫抑制作用使其可以用于治疗一些自体免疫性皮肤病，如天疱疮、类天疱疮等，但长期大量使用则会增加感染的风险。糖皮质激素也可以抑制平滑肌痉挛，显著缓解机体的过敏症状。

外用糖皮质激素还会引起真皮浅层血管收缩，减轻皮肤水肿性红斑。其确切的机制尚未研究清楚，可能与其抑制组胺、缓激肽、前列腺素等具有血管扩张作用的介质有关。外用糖皮质激素的血管收缩作用常常与其抗炎能力强弱有关，因此，血管收缩试验也被用于评价外用糖皮质激素类药物的抗炎强度，可以将外用糖皮质激素分为弱、中、强、超强效 4 类。药店里常见的皮炎平（0.05% 醋酸地塞米松）、艾洛松（0.1% 糠酸莫米松）、尤卓尔（0.1% 丁酸氢化可的松）等就是中效激素，力言卓（0.05% 地奈德）属于弱效激素。除了以上提到的在皮肤科应用较多的药理作用，糖皮质激素还有抗休克、退热等作用，但会影响血糖、血脂及骨骼发育。

激素在皮肤科有哪些具体应用呢？临床上激素的应用形式主要有局部用药（局部皮肤外用、关节腔注射、皮损内注射）与系统用药（静脉注射、肌肉注射、口服）两种，应用较多的是局部皮肤外用。对于各种皮炎湿疹类疾病（如特应性皮炎、脂溢性皮炎、神经性皮炎、各种湿疹等）、银屑病、苔藓类皮肤病（如扁平苔藓）、自体免疫性皮肤病（如大疱性类天疱疮、天疱疮等）、结缔组织病（如盘状红斑狼疮）及斑秃、白癜风等，局部外用激素都能起到一定作用，但用法、用量大有讲究，不是用得越多就越好。我们可以用指尖单位（FTU）来估算药量。一个指尖单位指的是从一个 5 mm 内径的药膏管中挤一段药膏,恰好达到食指末端指节的长度,那么这段药膏大约就是 0.5 g。不同部位需要的药量也不相同,一般面颈部需要 2.5 个指尖单位,前胸和后背部各需要 7 个指尖单位,单侧上肢需要 3 个指尖单位,单侧下肢需要 6 个指尖单位,单手需要 1 个指尖单位,单足需要 2 个指尖单位。

由于系统使用激素会对全身各系统带来一定的影响,所以系统使用前必须评估利弊。对于短期内急性起病的病种,如急性荨麻疹、较严重的接触性皮炎等,可以短期小剂量(泼尼松≤7.5 mg/日)使用激素,利用激素强大的抗炎作用迅速把炎症压下去。但有一些自体免疫性疾病需要长期使用激素(泼尼松 7.5～30 mg/日),如系统性红斑狼疮、皮肌炎、天疱疮等,需要利用激素的免疫抑制作用,压制住敌我不分的免疫系统,减少其对自身组织的损伤。但长期使用也会导致免疫力下降,使外界病原体乘虚而入引起感染。对于一些较危重的疾病,如重症药疹、重症系统性红斑狼疮等,需要使用较大剂量(泼尼松 30～90 mg/日)。对于激素常规治疗无效的危重患者(如狼疮脑病等),还可以使出"撒手锏"——激素冲击疗法。每天静滴 500～1 000 mg 的甲泼尼龙,连用 3～5 天后改回到原剂量维持治疗。

虽然激素如此"神通广大",药店里也很容易就能买到,但这并不意味着我们可以随便使用。长期应用激素可引起一系列不良反应,严重程度与用药剂量及用药时间成正比,也与激素的种类、个体的身体素质相关。主要累及免疫系统(继发感染、普通及条件感染)、消化系统(溃疡、出血)、心血管系统(高血压)、内分泌系统(糖尿病)、精神神经系统(兴奋、精神病)、代谢方面(水肿、低钾、库欣综合征、肌肉萎缩、骨质疏松)及其他方面。合理使用激素必须考虑以下几个因素。首先是疾病的性质。激素不能包治百病，不同疾病对激素的敏感性也不相同。褶皱部位的银屑病、儿童特应性皮炎及脂溢性皮炎对激素敏感性较高，非褶皱部位的银屑病、成人特应性皮炎、神经性皮炎（慢性单纯性苔藓）等对激素敏感性一般，而掌跖脓疱病、天疱疮等对激素敏感性较差。对激素敏感性较高的疾病可以选择弱效制剂，对敏感性较低的疾病要选择强效制剂。对于不同时期、不同部位、不同严重程度的皮损也要选择不同强度的药物。如弱效激素适合用于眼睑皮炎、尿布皮炎、轻度面部皮炎等薄嫩部位轻度病症的初始治疗；中效激素适合用于特应性皮炎、脂溢性皮炎、瘀积性皮炎、重症面部皮炎等皮炎湿疹类疾病的初始治疗；一般强效及超强效激素适合用于重度及肥厚性皮损的初始治疗，如银屑病、扁平苔藓、盘状狼疮、神经性皮炎、硬化萎缩性苔藓等。对于某些顽固的疾病，也可以采用封包的方法增强药效。其次，任何外用激素类药物均不应全身大面积、长期应用。每天外用次数也不宜过多，1~2次即可。强效及超强效外用激素一般每周使用不超过50 g，任何一个部位一般连续外用不超过2周。如果因病情需要长期使用，可选择弱效激素或长疗程间歇疗法、序贯疗法等。

  由于糖皮质激素具有众多的药理作用，使其成为皮肤病治疗中的一把利剑。但它在治疗患者疾病的同时，也可能导致新病变的发生。因此，激素虽有效，还是要在医生的指导下慎重使用哦！

（范梦洁 马 英）

第十四篇
维生素 A 酸类药物在皮肤科的应用

维生素 A 酸（维 A 酸）类药物在皮肤科临床及医疗美容方面已广泛应用，究竟该如何正确选用？

大家听说过维 A 酸类药物吗？首先，我们一起来认识一下吧。维 A 酸类药物是一类化合物的总称，从来源上分为天然的和人工合成的两类。它们参与调节细胞的增殖分化，具有抗角化、抗增生、促进表皮细胞正常分化的作用；并能通过抑制一种叫鸟氨酸脱羧酶的生物酶来干扰肿瘤的发生；可直接抑制皮脂合成和皮脂腺细胞的增殖，以减少皮脂分泌。维 A 酸类药物分为三代：

第一代：非芳香维 A 酸，常见的有全反式维 A 酸、13-顺维 A 酸（异维 A 酸）和维胺酯这么几种。第一代药物的副作用较明显。

第二代：单芳香维 A 酸，其治疗效果较第一代有明显提高，主要有阿维 A 酸和阿维 A 酯。

第三代：多芳香维 A 酸，通过大变身，药物作用的针对性提高，同时减少了不良反应，主要有芳维 A 酸乙酯、阿达帕林和他扎罗汀。

正确使用维 A 酸类药物，首先要搞清楚适应证，也就是要明确它们是用来治疗哪方面的疾病的。可别小看这些关于适应证的说明，每一种药物都是要经过严格的临床试验后才可以使用的。目前皮肤科使用的有内服和外用两大类。

(一) 内服维 A 酸药物

1. 异维 A 酸

它可抑制皮脂腺增殖，抑制皮脂腺分泌皮脂的活性，减轻上皮细胞角化及毛囊皮脂腺口的角质栓塞，并抑制痤疮丙酸杆菌的生长繁殖。

它用来治疗哪些疾病呢？

（1）痤疮：就是俗称的青春痘，特别是重度痤疮、结节囊肿性痤疮或其他治疗效果不佳的痤疮，就要用到它了。

（2）脂溢性皮炎：严重的脂溢性皮炎、满脸油光的小伙伴可能会用到它。

（3）玫瑰痤疮：这是比较难治的面部疾病。对其中增生肥大型的玫瑰痤疮，首选口服异维 A 酸胶囊；对伴有感染情况的比如有脓疱，使用异维 A 酸治疗的同时，可口服克拉霉素等抗菌药物。

（4）汗腺炎：对一般疗法无效的严重化脓性汗腺炎有效，可以在手术前后使用异维 A 酸。

（5）角化异常性疾病：比如掌跖角化病，手掌、足底大片或弥漫性角化，可以使用它。

那么如何服药呢?

医生通常通过估计公斤体重以计算剂量,从每公斤 0.25~0.5 mg 作为每天的剂量开始治疗。累积的总剂量以每公斤 60 mg 为目标,痤疮基本消退并无新发疹出现后再逐渐减少直至停药。疗程要看皮损消退的情况及药物服用剂量而定,通常要超过 16 周。

2. 维胺酯

这是我国自行研制的一种维 A 酸类药物,同样也可治疗痤疮和脂溢性皮炎。作用机制与异维 A 酸相似,但副作用较轻。成人每次口服 1~2 粒(25~50 mg),每天 3 次,连服 6~8 周为 1 疗程。

3. 阿维 A 酸

阿维 A 酸是阿维 A 酯在体内转化的代谢产物,可以使表皮细胞的增殖、分化及异常角化趋于正常化。

它用来治疗哪些疾病呢?

(1) 主打的是银屑病:就是俗称的牛皮癣。特别是对脓疱型银屑病和连续性肢端皮炎疗效最好。

(2) 角化异常性皮肤病:比如前面提到的掌跖角化病。

对脓疱型银屑病患者的治疗一般需要尽快控制病情,所用的剂量要大一些,按每公斤体重每天 0.5~0.6 mg,逐渐减量至维持量。治疗红皮病型银屑病从小剂量开始,按每公斤体重每天 0.3~0.5 mg 进行治疗。

(二) 外用维 A 酸类药物

1. 维 A 酸乳膏

是全反式维 A 酸,配制成 0.025%、0.05% 和 0.1% 浓度,可治疗痤疮、玫瑰痤疮、银屑病及各种角化性皮肤病。0.025%～0.05%乳膏用于治疗日光性皮肤病,可改善皮肤光老化;0.1%制剂有抗新生物作用。优点是价格便宜,疗效好;缺点是刺激性太强。治疗寻常痤疮,每晚1次外用;银屑病、鱼鳞病等皮疹位于遮盖部位的可每天1～3次或遵医嘱,用后应洗手。

2. 异维A酸凝胶

是将异维A酸制成凝胶,浓度为0.05%。可抑制皮脂腺活性,减少皮脂的分泌。用于寻常痤疮、粉刺的治疗。另外,它的刺激性也比维A酸乳膏小。外用每天1～2次,6～8周为一个疗程。

3. 维胺酯维E乳膏

每克含维胺酯3 mg、维生素E 5 mg。维胺酯具有促进上皮细胞分化与脱落、调节和防止角化以及抑制皮脂分泌的作用;维生素E具有抗氧化、保护皮肤的作用。外用每天1～2次。

4. 阿达帕林

能抑制表皮细胞增生和角化,溶解角栓及粉刺,并能抑制一些炎性介质的生成而起抗炎作用。配制成0.1%凝胶,用于治疗痤疮。其刺激反应比全反式维A酸为轻。每天晚上涂药1次。

5. 他扎罗汀

有抗增生和抗炎作用,对银屑病皮肤中的角质形成细胞的过度增殖、异常分化以及炎症浸润有调节作用,也可用于治疗痤疮。配制成0.05%或0.1%凝胶,每天晚上涂药1次。

正确使用维A酸类药物,也要搞清楚它们的不良反应,也就是副作用。

口服维A酸类药物可能引起的不良反应比较多,要谨慎使用。

（1）致畸性：妊娠期服药可导致自发性流产。在胚胎形成时期，致畸作用是最严重的不良反应。

（2）皮肤黏膜：皮肤和黏膜干燥（唇炎、干皮病、结膜炎、尿道炎）、皮肤脆性或黏性增加、掌跖脱屑、瘙痒和毛发脱落等。皮肤黏膜不良反应的发生率与所用维A酸类药物的类型和初始剂量有一定关系。

（3）眼：眼干、睑结膜炎、视网膜功能异常等。

（4）血脂异常：可发生血清甘油三酯和（或）胆固醇升高，但这种影响可以通过饮食控制，所以服用这类药物期间应避免食用太油腻的食物。

（5）骨骼：儿童和少年长期大剂量使用可能导致骨骺过早闭合、骨质增生、骨膜骨赘形成、矿物质脱失、骨质变薄等。所以，12岁以下儿童不要用，12到17岁少年也要谨慎使用。

（6）肝脏：可导致肝脏转氨酶升高，但严重持续的肝损很少见。

（7）关节和肌肉疼痛：发生的频率和严重程度与体力负荷成正比，要避免剧烈运动。

（8）毛发和指甲：可引起脱发增多，但停药可恢复。脆甲、甲裂常见，少数见甲营养不良和甲剥离。

（9）其他：如头痛、头晕、精神症状、抑郁、良性脑压增高，以及胃肠道症状、鼻衄、血沉快、血小板下降等。

上述副作用大多可逆，停药后可逐渐得到恢复。副作用的轻重与剂量大小、疗程长短及个体耐受性有关。轻度不良反应可不必停药，或减量使用；重度不良反应应立即停药，并由专业医生作相应处理。

外用维A酸类药物可能会产生不适反应,包括可能出现潮红灼热、痒痛、干燥紧绷、红斑等反应。建议先采取低浓度、局部患处涂抹,并配合保湿润肤产品,症状反应明显者可以先暂停数日后再试用。随着治疗时间的延长,这些症状均逐渐消退,反应确实较为严重的患者建议暂停使用。

所以,使用维A酸类药物要知彼知己,亦即选用这类药物时,要确保利远大于弊,才可以使用。

最后,关于使用维A酸类药物必须注意的事项,这里要再敲敲黑板:

(1) 维A酸类药物具有致畸性,使用口服药物均需要避孕,其中对于阿维A酸,生育期妇女停药后至少2年内不宜怀孕,异维A酸则是3个月,维胺酯是半年内不宜怀孕。外用药中,维A酸乳膏和异维A酸凝胶、维胺酯维E乳膏、阿达帕林凝胶为妊娠C类用药,孕妇慎用;他扎罗汀为妊娠X类用药,孕妇禁用。

(2) 此类药物应避免与维生素A及四环素等同时服用。

(3) 在服药期间及停药后1年内,患者不得献血。

(4) 用药期间宜定期检查肝功能及血脂。

(5) 与氨甲蝶呤合用时,可使氨甲蝶呤的血药浓度增加而加重肝脏的毒性。

(6) 外用维A酸药物存在光分解现象,会增加皮肤对紫外线的敏感程度,故用药期间应避免日晒,外出应涂防晒用品。

(杨永生)

第十五篇
维生素与皮肤病

您知道维生素类药物与一些皮肤病的发生、发展的关系有多密切吗？

维生素是人体必需的营养素之一，它们参与许多体内代谢过程和调节机制。维生素和皮肤病有着密切的关系，皮肤作为人体最外层的保护屏障，具有重要的防护功能，一旦体内出现维生素缺乏或异常时，皮肤就会反映出来。当皮肤缺乏某些维生素时，可能会引起多种皮肤疾患。为了防止和改善这些皮肤疾患，需要合理地摄入各种维生素来保持皮肤健康。

多种维生素与皮肤健康有关，其中维生素 A、B、C、D、E、K 等尤其与皮肤病的预防和治疗密切相关。维生素 A 能够调节表皮角质的正常增长和代谢，维持正常的皮肤生理状态，并通过稳定细胞膜、减少角化异常，预防皮肤炎症和老化等问题。维生素 C 作为一种抗氧化剂，可以减少紫外线和自由基对皮肤的损伤，预防色素沉着和皮肤炎症等问题。维生素 D 具有调控钙代谢的作用，可以促进角质细胞分化和角化，提高免疫力,有助于减少皮肤感染和炎症等问题。维生素 E 具有强抗氧化作用,可以保护皮肤细胞,减少皮肤损伤和炎症,有助于改善皮肤纹理和色素沉着。而维生素 K 则是维持血管健康和减轻皮下淤血的重要物质,对于预防紫癜和黑眼圈等问题具有一定的作用。

然而,对于不同维生素与皮肤病的具体关系,在不同皮肤病与治疗、不同年龄性别、不同地域环境等方面都有其独特性与限制性,需要开展更为深入的研究和讨论。我们需要摄入多样、广泛、适量的维生素,并注意在医生的指导下补充相应的维生素制剂,以达到维持正常皮肤生理状态、促进皮肤健康、预防和缓解皮肤病的效果;而对于过度补充或维生素缺乏等不良情况,需要依据病情及时适当地调整。

(一) 维生素 A

维生素 A 是一种脂溶性维生素,对于维护皮肤健康发挥着重要作用。该类维生素对上皮组织生长、增生和分化有着重要的调节作用,能够维持皮肤和黏膜的正常功能及结构的完整性,能调节皮肤表皮细胞的分化,维护表皮细胞的健康。皮肤科常用于治疗多种角化性皮肤病,如毛发红糠疹、毛周角化病、进行性对称性红斑角化病、汗管角化病、鱼鳞病、鳞状毛囊角化病等。还可用于治疗银屑病、寻常痤疮、色素性扁平苔藓等。缺乏维生素 A 会导致皮肤炎症和干燥粗糙、毛囊角化、眼干燥和夜盲。一些维生素 A 衍生物类药物被用于治疗痤疮和其他炎症性皮肤病。此外,它也被广泛用于防止皮肤老化。

(二) B 族维生素

B 族维生素在人体内无法自行合成,并且为水溶性,多数 B 族维生素难以在人体这种水性环境中储存。皮肤科经常提到的 B 族维生素有 B_1、B_2、B_6 等。

维生素 B_1 又称硫胺素,常被称为精神性维生素,与神经系统和内分泌系统有密切关系,能抑制胆碱酯酶的活性、减轻皮肤的炎症反应。常用于治疗各种瘙痒性皮肤病,对光感性皮肤病、烟酸缺乏症、带状疱疹后遗神经痛、股外侧皮神经炎等也都有效。

维生素 B_2 称为核黄素,是人体黄酶类的重要辅酶组成部分,参与糖、蛋白质、脂肪的新陈代谢。当缺乏核黄素时,机体对紫外线的敏感性增高,易患舌炎、口角炎、阴囊炎。核黄素还可用于治疗脂溢性皮炎、脂溢性脱发、寻常性痤疮、玫瑰痤疮、口周皮炎等。

维生素 B_6 又称吡哆素,可增强表皮细胞的机能、改善皮肤黏膜的代谢,也是组胺酶的辅酶,并有抑制组胺的作用。临床用于治疗脂溢性皮炎、头皮糠疹、脂溢性脱发、寻常痤疮、玫瑰痤疮、湿疹、神经性皮炎、妊娠痒疹及妊娠性皮肤病。对唇炎、烟酸缺乏症、光敏性皮炎、斑秃也有良好效果。

叶酸也属于 B 族维生素,又称维生素 M。叶酸参与造血,是制造红细胞的重要原料,亦参与细胞分裂过程。可用于银屑病的辅助治疗。

(三) 维生素 C

能促进营养代谢,促进皮肤的胶原蛋白及细胞间物质的合成,增强毛细血管壁致密度,降低其通透性和脆性,提高皮肤组织强度和弹性,提高皮肤对各种刺激、感染的抵抗力,促进皮肤外伤愈合。维生素C还有一定拮抗组胺的作用,因此,常被用于多种过敏性皮肤病如荨麻疹、湿疹、药疹等的治疗。维生素C还具有抗氧化的作用,可以减少自由基对细胞的损害,并有助于阻抑皮肤色素沉着,对于皮肤黑变病、黄褐斑有治疗作用。目前,维生素C还被广泛用于制作抗衰老和美白皮肤的化妆品和护肤品。

(四) 维生素D

为固醇类衍生物,具有抗佝偻病作用,又称抗佝偻病维生素。目前认为维生素D也是一种类固醇激素,其家族中最重要的成员是VD_2(麦角钙化醇)和VD_3(胆钙化醇)。维生素D均为不同的维生素D原经紫外线照射后的衍生物。植物不含维生素D,但维生素D原在动、植物体内都存在。维生素D是一种脂溶性维生素,与健康关系较密切的是维生素D_2和维生素D_3,它们存在于部分天然食物中。人体皮下储存有从胆固醇生成的7-脱氢胆固醇,受紫外线的照射后,可转变为维生素D_3。适当的日光浴足以满足人体对维生素D的需要。维生素D能够帮助吸收和利用钙和磷等关键元素。临床研究表明,维生素D的缺乏与多种皮肤病有关,例如银屑病和湿疹等。一些维生素D类药物已被广泛用于治疗银屑病等皮肤病。

(五) 维生素E

维生素E是一种脂溶性维生素,具有抗氧化的作用,可保护皮肤细胞免受氧化损害。由于其有助于减少皮肤炎症和预防皮肤老化，维生素 E 已被广泛用于防治一些皮肤病，如湿疹、免疫性结缔组织病等。维生素 E 还能促进维生素 A 的吸收和利用，增进上皮细胞的健康分化。与维生素 C 配合能增强皮肤的抗病力，降低细菌、病毒感染的风险。维生素 E 还有改善皮肤弹性、促进皮肤血液循环的作用，以及减轻色素沉着和祛斑作用，对寒冷症和冻伤也有改善作用。

(六) 维生素 K

参与一些凝血因子的合成，有防止出血的作用，可辅助治疗出血性皮肤疾病。还有抗过敏反应和降低毛细血管的通透性等作用。

附：

常见皮肤病与维生素关系	
皮 肤 病	药 物
银屑病	阿维 A＋叶酸
特应性皮炎、神经性皮炎、接触性皮炎、脂溢性皮炎、单纯糠疹、瘙痒性皮肤病等	维生素 B_6＋复合维生素 B
痤疮	异维 A 酸胶丸
脱发	复合维生素 B＋多种维生素（例如：善存）
扁平疣	异维 A 酸胶丸＋维生素 C（外用维 A 酸乳膏）

续 表

皮 肤 病	药 物
毛囊角化症	维生素 A(＋维生素 C)
荨麻疹、药疹等过敏性皮肤病	维生素 C
脂溢性角化病(老年斑)	维生素 E＋维生素 C
掌跖角化病	维生素 B_6＋叶酸
紫癜	维生素 C＋芦丁片
带状疱疹	维生素 B_1
唇炎、口角炎、舌炎、阴囊炎	维生素 B_2

备注：1. 仅供参考，用法及适应证建议咨询专业医生。
2. 维生素摄入过量可产生某些副作用，甚至导致急性或慢性中毒。

(七) 胡萝卜素

胡萝卜素是一种植物合成的黄色素，也被称为 β-胡萝卜素。胡萝卜素是维生素 A 的前体，即人体可以通过代谢将胡萝卜素转化为维生素 A。胡萝卜素在人体内可以增强皮肤的防晒能力，能够抗氧化，具有保护皮肤细胞的作用。此外，胡萝卜素还可以促进皮肤细胞的生长和分裂、调节皮肤的代谢，给皮肤带来健康光泽。胡萝卜素和烟酰胺在维持皮肤健康方面有着重要的作用。胡萝卜素是一种强效的天然抗氧化剂，可使皮肤免受自由基的损伤，而烟酰胺则是维生素 B_3 的一种形式，可以帮助增强皮肤屏障，预防皮肤受损。

研究发现，胡萝卜素对于改善皮肤色素沉着非常有效。这是因为胡萝卜素可以帮助促进肌肤的新陈代谢，加速肌肤细胞更新，减少黑色素的生成。此外，胡萝卜素还有助于防止皮肤老化和皱纹的产生，让肌肤看起来更加年轻。

(八) 烟酰胺

烟酰胺是一种水溶性维生素 B_3 衍生物，也被称为烟酸或尼克酸，是人体必需的营养素之一，在皮肤健康中发挥着关键性的作用。烟酰胺可以防止水分流失和维持皮肤的屏障功能。它可以促进皮肤表皮细胞生长，维护皮肤组织的机能。同时，烟酰胺也有助于改善皮肤的免疫功能，防止皮肤炎症和其他疾病的发生。

皮肤屏障是由一层叫作"角质层"的角质细胞构成的，它会阻止外部物质进入皮肤，同时保持肌肤的水分平衡。研究发现，烟酰胺可以帮助减少皮肤的水分流失，增强皮肤的屏障功能。

此外，烟酰胺还可以帮助减少炎症和刺激，从而预防一些皮肤病症状，例如干燥、瘙痒和发红等的发生。

烟酰胺对皮肤病的治疗机理，目前尚未完全清楚。但是，已有研究表明烟酰胺可以对一些皮肤病产生良好的治疗效果。首先，烟酰胺具有炎症抑制作用：烟酰胺能够通过抑制炎症反应的发生和发展，缓解皮肤病症状。炎症反应是皮肤病中常见的生理反应，如痤疮、湿疹等，烟酰胺能够有效地减少其炎症反应的发生。其次，烟酰胺可促进角质细胞的分化和增殖：烟酰胺可以促进皮肤细胞的正常分化和增殖，使角质细胞变得更加健康，这对于减少皮肤病——如银屑病等的发生和发展有很大益处。

烟酰胺可治疗皮肤炎症。研究表明,烟酰胺能够在不影响正常细胞生长的前提下,抑制一些细菌、真菌和病毒的生长,从而缓解一些皮肤炎症,如湿疹等。

因此,烟酰胺在加速角质化、提高皮肤受损修复和改善肤色等方面具有良好的功效。但是,在使用烟酰胺治疗皮肤病时,需要根据具体病情,对剂量、使用频次等进行相应的选择和调整,以避免产生副作用和风险。

总之,合理的维生素摄入对于维护皮肤健康至关重要。通过摄入富含维生素的食品或使用相关维生素类药物,可以有效地预防和治疗许多皮肤病。同时,我们也要注意将维生素摄入量维持在适当的范围内,以免过量摄入而导致出现副作用。

(黄　雯)

第十六篇
局部外用止痒药

用于皮肤病止痒的外用药物众多，究竟该如何正确认识和选用？

瘙痒是一种能引起搔抓欲望的不愉快感觉，也是皮肤病最常见的主观症状。临床上将皮肤瘙痒分为急性和慢性，超过 6 周的瘙痒即为慢性瘙痒。慢性瘙痒更多见，并且比例随年龄增长而增加。瘙痒是由外源性触发因子和内源性触发因子共同作用所致。用于皮肤病止痒的外用药物众多，一般可分为两类：一类为挥发性物质，如樟脑、薄荷脑、冰片等；另一类为具有局部麻醉作用的药物，如达克罗宁、利多卡因等，常可配成粉剂、搽剂、洗剂、乳膏剂等。本篇对这两类常用的外用止痒药作一简要介绍。

(一) 樟脑

樟脑是从樟树的枝叶、树干和根部提取出的一种挥发油，再通过分馏法得到樟脑结晶。涂于皮肤后有清凉感，并有微弱的局部麻醉作用,可镇静、止痒并协助消除炎症。可配制成1%～5%的粉剂、混悬剂、搽剂、乳膏和软膏。一般多用于急性或慢性瘙痒性皮炎湿疹类皮肤病。樟脑有挥发性,需密封阴凉保存。外用偶可引起局部刺激或过敏,如遇不良反应,应立即停用。皮肤破溃处不宜使用,须避免接触眼睛和其他黏膜部位。孕妇和哺乳期妇女及婴幼儿慎用。

(二) 薄荷脑

薄荷脑是从薄荷全草或叶提取的结晶。能刺激人体皮肤或黏膜的冷觉感受器,产生冷觉反射和冷感,引起皮肤、黏膜血管收缩,对深部组织的血管也可引起收缩而发挥清凉、止痒作用。可配制成粉剂、混悬剂、搽剂、喷雾剂和乳膏等,适用于各种急性或慢性瘙痒性皮肤病。外用时,如出现局部刺激或过敏反应,应立即停用。不可用于眼、鼻腔、口腔、外阴、肛门等黏膜部位及皮肤破损处。敏感皮肤者及婴幼儿慎用。

(三) 苯酚

又名石炭酸,本品稀溶液(0.5%～2%)具有局部麻醉功效,可发挥一定的止痒作用。用于多种外用制剂,以治疗各种皮肤病。为了防腐,很多制剂中也加入少量苯酚。苯酚对组织的穿透力极强,因此,仅以低浓度在小面积皮肤上使用,外用后不加封包。婴幼儿或伴糜烂渗出的皮损处禁用。

(四) 麝香草酚

本品是由麝香草(即百里香)经蒸馏而制得,为脂溶性,具有非常强的表面活性,比苯酚有更强的杀菌力,且毒性低,具有防腐、止痒、镇痛作用。适用于皮炎湿疹、尿布疹、皮肤真菌感染、皮肤寄生虫感染等引起的瘙痒的治疗。可配制成粉剂、搽剂、乳膏、软膏、酊剂,依皮损性质选用适当的制剂外用。

(五) 苯佐卡因

本品外用可缓慢经皮吸收,具有持久的止痛、止痒作用。适用于皮损创面、溃疡面的止痒、止痛。可配制成粉剂、乳膏、软膏、凝胶剂,依皮损性质选用适当的制剂外用。不宜长期大面积使用,外用时如产生局部烧灼感、发红或瘙痒,应立即停用。

(六) 达克罗宁

本品为芳酮类局部麻醉药,涂搽皮肤有止痛、止痒、杀菌作用。本品穿透力强,可通过皮肤及黏膜吸收,适用于皮炎湿疹、痒疹等局限性瘙痒性皮肤病。可配制成粉剂、搽剂、洗剂、乳膏、软膏,须注意避免长期大面积使用。

(七) 利多卡因

本品为酰胺类局部麻醉药,具有止痒、镇痛、消肿作用,临床上常配制成乳膏、软膏或凝胶,用于局部镇痛、止痒。外用的不良反应少见,但亦应避免长期大面积使用。

除以上介绍的几种局部止痒药外,以炉甘石、氧化锌、滑石粉等温和保护药配制成的悬垂剂,用于一些急性皮炎湿疹类皮肤病,常可收到良好的消炎止痒效果。还有,用冷的普通饮用水或生理盐水做湿敷，治疗一些急性皮炎，同样可起到消炎止痒效果，既方便又安全，而且不会有任何副作用。

糖皮质激素类及一些非激素类抗炎药（如乙氧苯柳胺、丁苯羟酸等）配制成的乳膏、搽剂，通过其强效的抗炎作用，可达到良好的止痒效果。应当注意的是，这类制剂均具有一定的副作用，应当在专业人员指导下选用。

（盛友渔）

第十七篇
外用药剂型的选择

皮肤病外用药物剂型众多,究竟该如何正确认识和选用?

外用药物疗法在皮肤病治疗中占有重要地位,如应用得当,常起到事半功倍的效果。对皮炎湿疹等非感染性皮肤病及众多原因不明的皮肤病而言,外用药物疗法实际上都是一种症状治疗——就是说在选用药物时主要是根据当时皮疹的具体表现及特征,酌情结合皮疹部位、范围、患者年龄等,而不需要着眼于其发病原因。换句话说,不论是由哪种原因引起的(如皮炎湿疹),只要皮疹特征相一致,选用的制剂就是一样的;反之,即使是同一种原因引起的,只要皮疹发展阶段不同,选用的药物制剂也常常不同。那么,究竟该如何根据皮疹的发展阶段及皮疹表现来选用呢?

外用药制剂通常由一种或几种主药(效用药物)溶解或混合于赋形剂中,配制成不同性状、作用、适用范围的剂型,如粉剂、水溶剂、水粉剂、乳剂(乳膏)、软膏、糊剂、搽剂、凝胶剂等。临床上在考虑选择用什么药物时,首先是选定剂型,而后再选定其中的效用药物。常用的外用药物剂型有以下 8 种。

(一) 粉剂

粉剂有干燥、护肤及散热、止痒作用,适用于急性或亚急性而无渗液的皮疹。一般不能用于表皮糜烂及渗液处,并且不宜用于眼、鼻孔等腔口附近及毛发长的部位。常用的有单纯扑粉、樟脑扑粉、爽身粉等。

(二) 水溶剂(溶液)

水溶剂有散热、消炎及清洁作用,适用于急性皮炎伴有大量渗液或脓性分泌物时作湿敷用。使用时需经常更换,保持纱布潮湿和清洁。常用的有生理盐水、3%硼酸水等。

(三) 水粉剂(洗剂)

水粉剂有散热、消炎、干燥、护肤及止痒作用,适用于急性皮炎而无渗液。使用前应充分摇匀。冷天应少用,毛发长的部位不宜用。常用的有振荡剂、炉甘石洗剂等。

(四) 乳剂(乳膏)

乳剂有润滑、软化痂皮、消炎、护肤、止痒作用,适用于亚急性或慢性皮炎、瘙痒等,是目前最常用的皮肤外用药剂型之一。乳剂有油包水(脂)及水包油(霜)两种。相较于软膏,乳剂更易于涂抹,油腻感更少。

（五）软膏

软膏功效与乳剂相同，但穿透皮肤作用强。适用于慢性皮炎、湿疹、溃疡（创面比较清洁的），是目前最常用的皮肤外用药剂型之一。应注意非感染性急性皮炎不宜使用。相较于乳剂，软膏质地相对黏稠油腻，不易蒸发，提高了药物的渗透性，从而增强了药物功效。

（六）糊剂

糊剂有消炎、护肤及轻度干燥作用，对皮肤穿透性较软膏弱。适用于亚急性皮炎伴有少量渗液者。注意在换药时，应先用油类将原有糊剂轻轻擦去，不可直接用水洗。此外，毛发长的部位不宜用。

（七）搽剂（酊剂）

搽剂有消炎、杀菌及止痒作用，适用于慢性皮炎、部分小范围急性皮炎、瘙痒症和神经性皮炎等。不宜用于破损处，另外皮疹范围广和腔口附近及黏膜处亦不宜用。

（八）凝胶剂

凝胶剂涂抹局部后可形成薄膜，清洁透明，作用较为持久。适用于除急性渗出性皮损及糜烂、溃疡以外的皮肤损害。因其易液化性，排汗可能会清除部分凝胶。此外，凝胶剂无封闭作用、无润肤作用，通常不适用于皮肤非常干燥的部位。

临床举例：炉甘石洗剂是皮肤科常用的外用药，具有止痒、散热、干燥的作用；但当皮肤表面出现破损、存在糜烂面和渗液时，使用炉甘石洗剂后溶液较快挥发，而药物中的粉末混在组织液中，附着在糜烂面表面，容易影响皮肤愈合。此外，头面部由于毛发长且靠近眼、口、鼻等重要腔口附近，也不建议使用炉甘石洗剂。

外用药剂型选择应遵循"干对干，湿对湿"的原则，即急性皮炎伴渗出时，选用溶液湿敷；急性皮炎伴肿胀而无渗出时，选择粉剂或洗剂；亚急性皮炎首选乳剂；慢性皮炎首选软膏（见附图）。

在外用药物疗法中，除注重剂型及效用药物的正确选择外，还需注意：① 药物的浓度，一般先用低浓度，而后根据患者的耐受情况，酌情提高浓度；② 药物的性能，如作用强的不宜用于面部及外阴、肛周等；③ 皮疹的范围，如面积过大，需注意药物吸收引起全身或内脏毒副反应；④ 药物引起的局部刺激性或过敏性反应。

（张成锋　徐中奕）

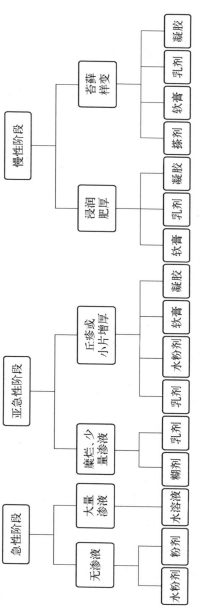

附图：皮炎（非感染性）不同发展阶段外用药剂型选择

第十八篇
6 类医疗美容技术简介

近年来,种类繁多的化学性及物理性新技术、新材料已广泛用于改善皮肤外观、皮肤老化以及多种皮肤病的治疗。本篇仅简单介绍以下 6 类比较常用的医疗美容技术。

(一) 化学换肤术

化学换肤术是指将某一类化学试剂外用于皮肤,从而对皮肤进行可控性的表皮破坏与重建。在这一过程中,胶原蛋白重建,黑色素代谢加快,从而起到美化皮肤的目的。在化学换肤术中使用的化学试剂通常为酸类,根据其主要成分的不同,可分为甘醇酸、柠檬酸、杏仁酸、水杨酸、三氯乙酸等;根据试剂作用的深浅程度,可分为浅层、中层与深层的化学换肤术。目前,化学换肤术的应用范围很广,在痤疮、色素性疾病、皮肤光老化、瘢痕等病症的治疗中均有广泛的应用。

在行化学换肤术时,酸类可破坏表皮角质形成细胞间的桥粒连接,加快废旧角质层的脱落;同时,化学换肤术可以疏通皮脂腺开口处堆积的皮脂腺分泌物,纠正毛囊上皮角化异常,抑制粉刺的生成，从而起到治疗痤疮皮疹的效果。此外，在化学换肤的过程中，角质形成细胞的代谢加快，表皮重建速度加快，从而促进黑色素颗粒的排除，改善色素的沉积。

除了对表皮的治疗外，行化学换肤术时可以对真皮进行刺激。化学换肤术可以启动机体损伤修复的过程，促进真皮内成纤维细胞的合成与分泌。在换肤后，胶原蛋白、黏多糖合成增加，弹力纤维排列紧密，真皮乳头数量增加，从而使得真皮层增厚，可改善皱纹与动态细纹。同时，化学换肤术可以刺激内聚葡萄糖胺和细胞间基质的合成，使得真皮内黏多糖和透明质酸含量升高，如此一来，皮肤的含水量升高，皮肤触感更为柔软、充盈。对真皮的刺激不一定需要化学换肤剂直接渗透至真皮层，仅仅是对表皮的换肤治疗，也可以刺激真皮的胶原蛋白再生。

很多皮肤疾病均适用化学换肤术，如痤疮、玫瑰痤疮、黄褐斑、炎症后色素沉着、皮肤光老化、毛周角化症、皮肤淀粉样变等。同时，化学换肤术可以与药物、微针、激光、射频、强脉冲光等治疗技术联合应用，从而起到更好的治疗效果。

（二）皮肤磨削术

皮肤磨削术是在皮肤病的治疗及美容治疗中常用的一种换肤技术。常规使用一些器械或设备，对表皮和真皮浅层进行可控制的机械性磨削，以达到治疗或美容效果。

在皮肤磨削后，创面愈合的过程中可以使得真皮的胶原纤维与弹力纤维重新排布，以改善瘢痕、毛孔粗大等症状。常见的磨削设备或器械包括砂纸、金属刷、高速旋转磨削机、微晶磨削机和激光仪器。上述除激光仪器外，其他器械均是通过物理磨擦的方式对组织进行磨削,对皮肤的伤害较大,易造成色素沉着、医源性瘢痕等,因此,目前在亚洲人群中已较少使用。

激光仪器则是应用选择性光热作用,通过加热表皮组织中的水分并气化组织,以达到磨削的目的。常用的设备包括二氧化碳激光和铒激光。

皮肤磨削术最主要的适应证是瘢痕。主要针对浅表凹陷型瘢痕,包括:水痘、痤疮等遗留瘢痕;手术、外伤遗留的线状、浅表凹凸不平瘢痕。色素性疾病如雀斑、咖啡斑等也可以应用皮肤磨削术进行治疗,但在术后需进行较严格的护理与防晒。白癜风患者可应用皮肤磨削术作为表皮移植术前的准备。面部毛孔或皱纹,以及皮肤浅表增生、良性结节或角化性改变,如玫瑰痤疮、脂溢性角化、毛发上皮瘤、汗管瘤、毛周角化病等疾病,也可以通过皮肤磨削术进行治疗。

由于机械性的皮肤磨削术对深度较难控制,且损伤表皮基底层的黑色素细胞,容易造成色素沉着,目前在国内已较少使用。

(三) 注射填充技术

人面部皮肤的老化往往伴随着皱纹、凹陷、下垂等表现,通过注射一定种类的药剂,可以使得皱纹平顺、凹陷恢复、下垂归位,可起到恢复面部容颜的效果,这就是医疗美容中的注射填充技术。这一技术相比整形外科手术,通常创伤较少,恢复速度较快。同样,对于因先天或后天原因出现的面部组织或者器官的缺失、畸形,同样可以通过填充技术进行一定程度的改善。

理想的填充剂应具有以下几个特点:① 安全、良好的生物相容性,这样可以避免因注射诱发体内的免疫反应,造成异物肉芽肿等不良后果;② 稳定性好,可以在体内较为稳定地存在;③ 能较好地固定其体积与位置,并具有一定的柔韧度;④ 不会因吞噬而被清除;⑤ 无游走性。根据皮肤填充剂的来源,可将其分为自体来源、同种异体来源和异种来源;根据其维持的时间长短,可以分为暂时性、半永久性和永久性。

注射填充的历史起始于 1893 年,Neuber 首次将手臂上的脂肪用于面部凹陷的移植。早期的面部填充材料还包括硅油与石蜡油,但由于这两种材料与人体的相容性不好,常导致较严重的炎症反应。在 20 世纪 80 年代,胶原蛋白逐渐成为一种新兴的填充材料并应用至今。胶原蛋白的安全性较高,但其质地较为柔软,且在数月内即分解、被吸收,因此限制了它的应用。需要注意的是,胶原蛋白在极少数情况下,仍有发生过敏与迟发性反应的可能。

自体脂肪是典型的自体来源的填充物。它具有很好的安全性,不易过敏,且来源广泛。但自体脂肪在移植后存在存活率的问题,难以控制最终的填充结果,因此,有时需重复多次填充才能达到理想的美容效果。

透明质酸(玻尿酸)是广泛存在于多种生物体内的一种多糖,具有很好的生物相容性,基本不会诱发炎症反应;然而,其物理性质十分柔软,不适合用于填充,但经交联剂的修饰处理后,透明质酸分子可以连接成较大的分子,从而获得较高硬度、弹性的交联透明质酸。在注射入人体后,玻尿酸可以很好地支撑凹陷与下垂的组织,填平面部皱纹。同时,由于透明质酸本身具有的吸水特性,可以很好地维持皮肤含水量,对肤质的改善更为显著,让皮肤更加细腻柔滑。目前已有多款交联透明质酸在国内上市,这些产品具有不同的硬度与弹性,适用于不同部位、不同性质的面部美容治疗。

人面部的老化与胶原蛋白和胶原纤维的代谢息息相关。因此,能够刺激成纤维细胞分泌更多的胶原蛋白与胶原纤维的材料,可以很好地起到诱导胶原蛋白再生、改善面部凹陷的作用。体外研究显示,一定直径的微球可以很好地刺激成纤维细胞的活性,促进胶原纤维再生。因此,可以将这些微球材料注射入面部,以达到改善肤质、填平凹陷的作用。这一类皮肤填充剂属于再生性材料。在20世纪90年代初,最初的可注射微粒性的材料 Bioplastique™(含有硅颗粒)和 Arteplast®(含有聚甲基丙烯酸甲酯颗粒,是爱贝芙的早期名称)在欧洲开始试用。然而,当时的生产工艺使这些填充介质具有很高的外源性肉芽肿的发生概率,前者是因为它的不规则形状,后者是因为在光滑和平整的微球体中有大量的不纯杂质。随着 Arteplast® 的生产工艺的发展,比如在生产过程中引进了漂洗和筛选工艺程序,使得产品更加纯净,其第二代产品就是目前的爱贝芙。

这些材料虽然可以保持长久的填充效果,但因其不可代谢的特性,使得其对注射技术的要求更高,从而也带来了更高的不良反应概率。随后,多种可以代谢的再生材料逐渐被发明出来,其中包括聚左旋乳酸微球、聚己内酯微球与羟基磷酸钙微球等。这些材料或单独,或与透明质酸、羧甲基纤维素等材料复配,注射入人体后可以起到补充凹陷、抚平纹路的作用。

在临床常用的注射填充材料中,不论是自体或异体、活性或非活性、天然的或化学合成的,都有一定的优缺点和适应证等,不能一概而论，从事医疗美容的专业人员及求美者要根据具体情况酌情选用。

(四) 肉毒素除皱技术

肉毒素是肉毒杆菌所分泌的一种外毒素，是目前已知的天然毒素和合成毒素中毒性最强的一种。肉毒素在注射入人体后，可以抑制神经-肌肉接头处的乙酰胆碱的释放，从而诱发短期的、可逆的肌肉麻痹。最初，肉毒素的注射被广泛应用于肌张力障碍与肌肉功能的异常，如原发性眼睑痉挛、斜视等。一次偶然的机会，加拿大医生 Jean Carruthers 在对眼睑痉挛使用肉毒素治疗后惊讶地发现，患者的眼部皱纹得到了明显的改善。从此，肉毒素被引入了皮肤美容的治疗领域。

肉毒素在注射入人体后，通过受体介导的胞吞过程进入神经细胞内部，在神经末梢胞浆中特异性地使神经外分泌失活，神经无法刺激其所支配的肌肉，使得肌肉麻痹。如注射入表情肌，则可以使得表情肌的运动减缓，改善动态的皱纹；肌肉注射后，可以使肌肉逐渐产生废用性的萎缩，起到瘦脸、瘦腿等效果。

相应地，人体也存在对抗这一过程的机制，神经轴突可以自发地芽生。自接触肉毒素的第二天起，神经末梢即开始新的芽突的生长，在 3 个月或更长的时间后，新的神经末梢可以形成。而当受肉毒素作用的原先失活的接头恢复功能后，这些新生接头又会逐渐退化。因此，当我们接受肉毒素治疗后，会发现在 4~6 个月后效果逐渐消失。为了保持临床效果，需每隔约 4~6 个月重复注射一次。

肉毒素最常用于面部动态表情纹的治疗。

除了对肌肉的抑制以外,目前肉毒素还在皮肤科的多个治疗领域发挥着作用。它可以减少汗腺、皮脂腺的分泌,对手足、腋下多汗症以及腋臭有良好的治疗作用;肉毒素还可以抑制面部毛细血管的扩张,改善玫瑰痤疮等皮肤疾病导致的面部红血丝以及泛红;对面部的降肌进行抑制,可以相应地提高提肌的力量,起到面部提升的作用。

目前我国已批准了包括兰州衡力肉毒素在内的 4 种肉毒素针剂。求美者在进行肉毒素治疗时,应该选择正品制剂,并在专业人士的指导下进行治疗。

(五)强脉冲光与激光治疗

激光是原子中的电子吸收能量后从低能级跃迁到高能级,再从高能级回落到低能级的时候,所释放的能量以光子的形式放出的光。激光具有单色性、方向性好、亮度高的特点。激光在经过谐振腔的放大后,可以用较短的脉宽(时间)释放出很高的能量。而强脉冲光则是指以脉冲形式发出的强光,具有宽的一个光谱,内含不同波长的光;通过对不同波长的光进行截取,可以有效地治疗不同皮肤疾病。

强脉冲光与激光进行治疗的原理相同,都是通过选择性光热作用。简单来说,特定波长的光可以被皮肤损害如雀斑、毛细血管扩张等选择性吸收,从而使得皮损受热、受损,以致被清除。在此过程中,周围的正常皮肤不会受到影响。

当激光或强光接触到皮肤时,可能发生吸收、反射、传导与散射的过程,这其中最为主要的是吸收。皮肤中的黑色素、血红蛋白、水是 3 种最主要的吸收光的物质,通常称之为色基。对色斑等色素性皮损的治疗需要以黑色素为靶色基,对血管性皮损如毛细血管扩张等的治疗需要以血红蛋白为靶色基,对于真皮胶原的合成以及去除赘生物等的治疗需要以水为靶色基。其中强脉冲光由于可以发射宽谱的强光,不仅仅局限于单一波长,这使得它可以用于治疗多种靶色基的皮损。

1. 点阵激光

点阵激光是以"点阵样"进行局部治疗,这些激光束以阵列样或像素点一样进行分布。在激光束未到达的部位,皮肤无影响,而激光照射的部位则可以诱导皮肤新生,起到治疗痘坑、毛孔粗大、光老化的作用。而且由于治疗区域存在未受影响的皮肤,这种疗法的恢复期相对更短,术后产生不良反应的概率也较低。

2. 强脉冲光

强脉冲光(IPL)可以发射出 400~1 200 nm 的广谱强光。由于可以对不同波长的滤光片进行选择,因此 IPL 设备可以治疗多种多样的皮损,包括痤疮、色斑、毛细血管扩张、脱毛及光老化等。

3. 超短脉宽激光

包括调 Q 激光与皮秒激光,分别属于纳秒级和皮秒级。此类激光可以将能量在短时间内爆发出来,有效地使用光热作用和光声震动将色斑与文身的色素颗粒击碎,帮助免疫细胞更好地吞噬色素颗粒并代谢,从而起到良好的治疗效果。

4. 发光二极管

发光二极管(LED)光不属于激光,此类设备可以发射低能量、窄波段的光。这种光不通过光热作用起效,而是温和地通过调节皮肤细胞活性(光生物学作用),起到治疗皮肤疾病的效果。红色 LED(570～670 nm)可以用来治疗面部细纹,蓝色 LED(400～500 nm)可以用于治疗痤疮。

(六) 光动力疗法

光动力疗法(PDT)是指使用局部光敏剂,通过光源对其进行激发,对靶组织起到治疗的效果。常用的光敏剂包括 5-氨基酮戊酸(ALA)等。ALA 外用后,可被增殖细胞和毛囊皮脂腺单位选择性吸收,并集中于此地转化为原卟啉;经光照后,原卟啉可形成自由基并破坏靶目标。光动力疗法对于痤疮、日光性角化病、尖锐湿疣等皮肤疾病均有很好的疗效。

(王金奇　陈向东)